Dieter Schulz

Richtig löten

Dieter Schulz

Richtig löten

Leicht gemacht, Geld und Ärger gespart!

Mit 173 farbigen Abbildungen

Bibliografische Information der Deutschen Bibliothek
Die Deutsche Bibliothek verzeichnet diese Publikation in der Deutschen Nationalbibliografie; detaillierte Daten sind im Internet über **http://dnb.ddb.de** abrufbar.

Hinweis
Alle Angaben in diesem Buch wurden vom Autor mit größter Sorgfalt erarbeitet bzw. zusammengestellt und unter Einschaltung wirksamer Kontrollmaßnahmen reproduziert. Trotzdem sind Fehler nicht ganz auszuschließen. Der Verlag und der Autor sehen sich deshalb gezwungen, darauf hinzuweisen, dass sie weder eine Garantie noch die juristische Verantwortung oder irgendeine Haftung für Folgen, die auf fehlerhafte Angaben zurückgehen, übernehmen können. Für die Mitteilung etwaiger Fehler sind Verlag und Autor jederzeit dankbar. Internetadressen oder Versionsnummern stellen den bei Redaktionsschluss verfügbaren Informationsstand dar. Verlag und Autor übernehmen keinerlei Verantwortung oder Haftung für Veränderungen, die sich aus nicht von ihnen zu vertretenden Umständen ergeben. Evtl. beigefügte oder zum Download angebotene Dateien und Informationen dienen ausschließlich der nicht gewerblichen Nutzung. Eine gewerbliche Nutzung ist nur mit Zustimmung des Lizenzinhabers möglich.

Satz: DTP-Satz A. Kugge, München
art & design: www.ideehoch2.de
Druck: L.E.G.O. S.p.A., Vicenza (Italia)
Printed in Italy

ISBN 978-3-7723-**4499-2**

Vorwort

Möchten Sie kleine Reparaturen in Haushalt und Hobby vornehmen, kommen Sie vielfach um den Lötkolben nicht herum. Funktioniert beispielsweise ein elektronisches Gerät nicht mehr, ist häufig eine kalte Lötstelle der Grund. Richtig löten behebt den Fehler und spart so viel Geld. Defekte Leitungen kann man schnell reparieren oder den gelockerten Stecker am Kabel festlöten, damit die angeschlossenen Komponenten wieder funktionieren. Können Sie ein kleines elektronisches Gerät als Bausatz zusammenlöten, statt es als Fertigprodukt beim Händler zu kaufen, sparen Sie sich erneut einen tiefen Griff ins Portemonnaie. Doch wie muss man vorgehen, damit alles klappt? Egal, ob Sie elektronische Bauteile richtig auf die Platine löten, perfekte Lötpunkte setzen, überschüssiges Lötzinn sauber entfernen oder schlechte Lötstellen erkennen und vermeiden möchten – dieses Buch führt Sie zum Erfolg! Für Hobbyelektroniker ist es außerdem ein Nachschlagewerk, das viele weitere Fragen aus der Lötpraxis beantwortet. Das Buch erläutert, wie man defekte Leiterbahnen repariert, Drähte und Kabel fachgerecht verlötet oder gibt Tipps zum Löten mit bleifreiem Lötzinn. Es setzt bei alldem keine Vorkenntnisse voraus. Wer sich als Einsteiger zunächst über einen passenden Lötkolben und erforderliches Werkzeug informieren möchte, findet in diesem Buch ebenfalls wertvolle Tipps.

Viel Spaß und Erfolg beim richtigen Löten!

Ihr
Dieter Schulz

Inhaltsverzeichnis

Inhaltsverzeichnis

Inhaltsverzeichnis

1 „Welcher Lötkolben ist für mich der richtige?“

Abb. 1.1 – Im Fachmarkt ist die Auswahl an Lötkolben groß.

Diese Frage werden Sie sich vielleicht stellen, wenn Sie im Fachmarkt vor einer meist unüberschaubaren Auswahl an Modellen stehen. Da nicht jeder Lötkolben für jede Aufgabe geeignet ist, sind sie nach ihrer Leistungsaufnahme unterteilt, die in Watt (W) angegeben ist. Es gibt Lötkolben von ganz klein bis ganz groß, je nachdem, ob Sie große oder kleine Bauteile löten wollen – denn die richtige Löttemperatur entscheidet darüber, ob Sie erfolgreich löten können. Eine grobe Faustformel besagt: Je kleiner ein Lötkolben ist, umso weniger Leistung nimmt er auf und entsprechend geringer ist die Löttemperatur. Sie sollten deshalb beim Kauf auf die Wärmeleistung des Lötkolbens achten. Bei Lötarbeiten zu Hause sind meist Temperaturen zwischen 250 und 400 Grad Celsius erforderlich. Die meisten Lötkolben arbeiten in einem bestimmten Temperaturbereich.

Neben der Temperatur ist die Wärmemenge entscheidend, die Lötkolben und Lötspitze abgeben können. Versuchen Sie beispielsweise, mit einem sehr kleinen Lötkolben einen Draht mit großem Querschnitt an eine große Metallfläche zu löten, wird das kaum gelingen. Da Metalle sehr gute Wärmeleiter sind, verteilen sie die Hitze des Lötkolbens auf eine größere Fläche. Dadurch erhitzt sich nicht nur die Lötstelle, sondern auch das metallische Umfeld. Wie sehr sich die Wärme verteilt, merken Sie besonders an Drähten. Sie werden noch in einer Entfernung von 20 cm zur Lötstelle mit der Zeit so heiß, dass man sie kaum noch mit bloßen Fingern halten kann. Versuchen Sie im Gegenzug, mit einem sehr großen Lötkolben feine elektronische Bauteile zu löten, werden Sie ebenso scheitern. Mit einem leistungsstarken Lötkolben kann man die große Lötspitze kaum exakt auf die Arbeitsstelle führen. Außerdem kann die zu große Hitze kleine elektronische Bauteile schnell zerstören.

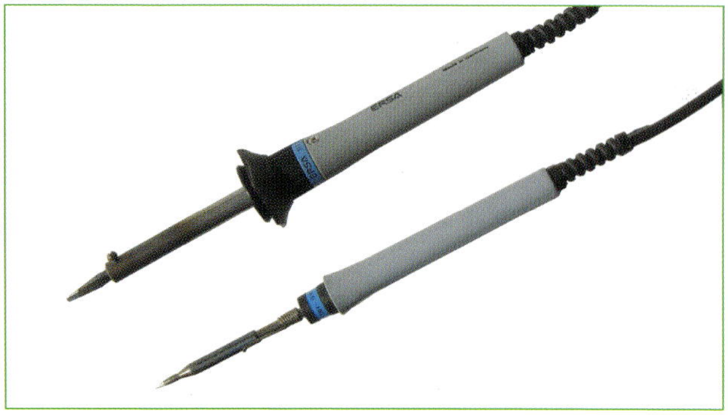

Abb. 1.2 – Zwei typische Lötkolben

Neben Löttemperatur und abgegebener Wärmemenge ist beim Lötkolben auch ein handgerecht geformter Griff wichtig. Dieser muss an seiner Vorderseite einen stabilen und ausreichend großen Schutz gegen Abrutschen besitzen, der verhindert, dass Sie sich beim Löten die Finger verbrennen (Abb. 1.3).

Das Buch stellt im Folgenden die für Heimwerker, Elektronik- und Hobby-Bastler wichtigsten Lötkolbentypen vor. Daneben führt der Handel Kaltlötgeräte für Profis und weitere Modelle, über die der Anhang in Kapitel 17.1 informiert.

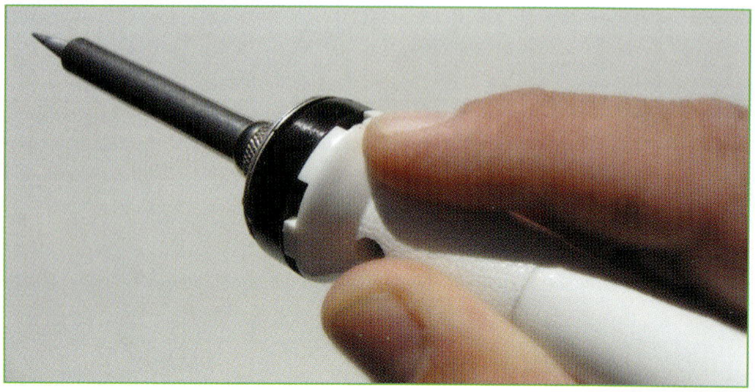

Abb. 1.3 – Ein großzügiger Abrutschschutz beugt Verbrennungen vor.

Abb. 1.4 – Ein kleiner Abrutschschutz schützt die Finger nicht immer ausreichend.

1.1 Feinlötkolben für elektronische Bauteile

Feinlötkolben für elektronische Bauteile erkennen Sie an der kompakten Bauweise und ihrem geringen Gewicht. Die Leistungsaufnahme bewegt sich meist zwischen 8 W und 25 W. Einen Feinlötkolben brauchen Sie, wenn Sie es in der Elektronik oder Elektrotechnik mit kleinen Lötstellen und empfindlichen Bauelementen zu tun haben. Hierzu gehören SMD-Bauteile nach Kapitel 10.

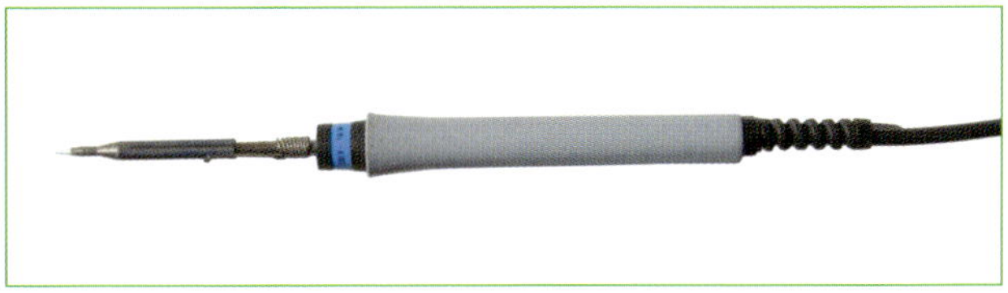

Abb. 1.5 – Feinlötkolben besitzen meist eine Bleistiftlötspitze.

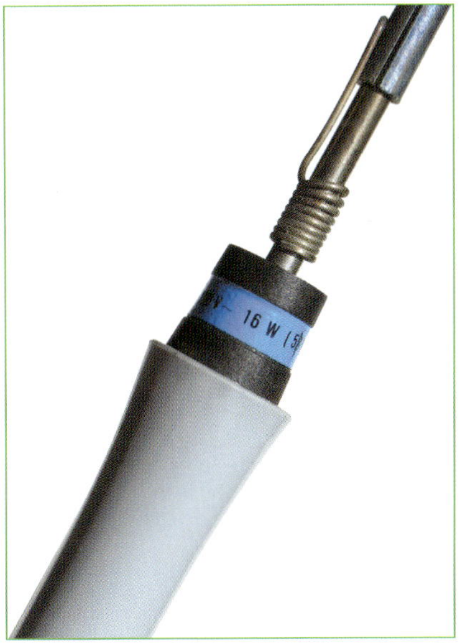

Abb. 1.6 – Feinlötkolben mittlerer Größe. Er ist an der Leistungsaufnahme von 16 W zu erkennen.

Abb. 1.7 – Feinlötkolben eignen sich für sehr filigrane Lötarbeiten.

1.2 Universallötkolben – fast immer die richtige Wahl

Fast jeder Bastler hat einen zu Hause – und das nicht ohne Grund: Mit ihrer Leistungsaufnahme von rund 20 W bis 40 W eignen sich Universallötkolben für viele Aufgaben in Hobby und Handwerk. Sie kommen außerdem mit etwas Geschick und Übung für Lötarbeiten infrage, für die man eigentlich einen Feinlötkolben braucht. Dazu gehören einfache und mittelschwere Elektronikbausätze. Für Elektronikbasteleien oder kleine Reparaturen sind Sie deshalb mit dem Universallötkolben bestens bedient. Er ist nicht zu klein und nicht zu groß – und er ist für Einsteiger zu empfehlen, die zunächst Erfahrungen mit dem Löten sammeln möchten.

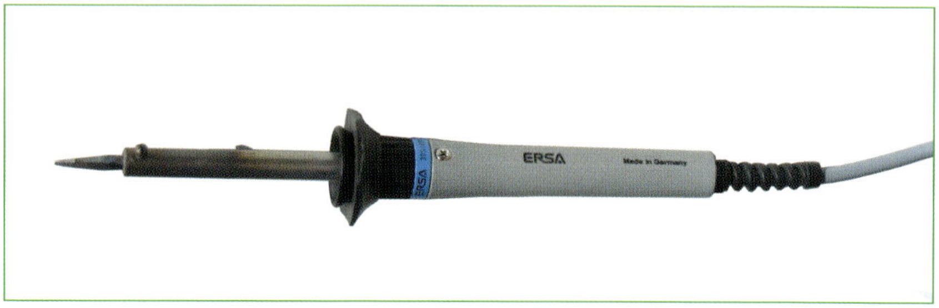

Abb. 1.8 – Universallötkolben sind größer als Feinlötkolben und besitzen meist eine Flachlötspitze oder eine Lötspitze in Meißelform.

Abb. 1.9 – Dieser Universallötkolben mittlerer Größe nimmt eine Leistung von 30 W auf.

1.3 Standardlötkolben für dicke Drähte

Standardlötkolben nehmen rund 50 W bis 150 W auf und sind deshalb für den Hobbyelektroniker und Bastler bereits zu leistungsstark. Man erkennt sie an der abgewinkelten Lötspitze. Die große Hitze würde die empfindlichen Bauteile zerstören. Diese ist allerdings erforderlich, wenn Sie dicke Drähte löten möchten, was bei Reparaturen der Fall sein kann. Wie groß der Hitzebedarf ist und damit die benötigte Leistung des Lötkolbens, hängt vom Drahtdurchmesser ab. Mit einem 50-W-Lötkolben bringen Sie Kupferleitungen mit 2,5 Quadratmillimeter (mm²) Querschnitt auf Arbeitstemperatur. Wollen Sie dagegen Kabel mit bis zu 6 mm² Querschnitt löten, brauchen Sie einen leistungsstärkeren 150-W-Lötkolben.

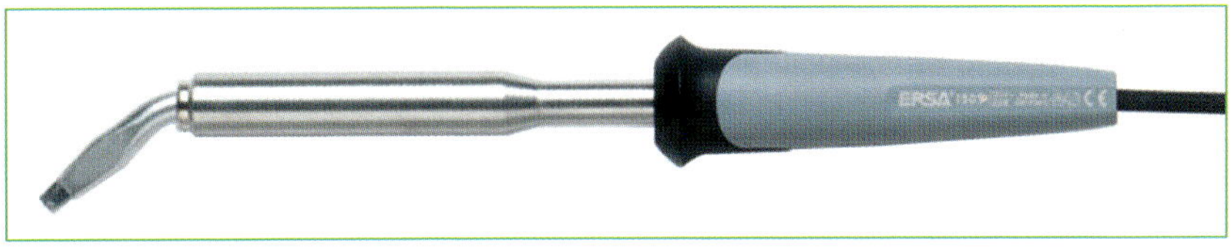

Abb. 1.10 – Standardlötkolben sind an der abgewinkelten Lötspitze zu erkennen.

1.4 12-Volt-Lötkolben im Auto

Diese Niederspannungslötkolben eignen sich für Bastelarbeiten und Reparaturen im oder am Fahrzeug – zum Beispiel, wenn die eingebaute HiFi-Anlage streikt. Die benötigte Betriebsspannung von 12 V steht am Zigarettenanzünder bereit. 12-V-Lötkolben nehmen eine Leistung von rund 30 W auf, besitzen wie die übrigen Lötkolben eine auswechselbare Lötspitze und sind mit dem Universallötkolben vergleichbar. Was beim Löten im Auto zu beachten und warum dabei aus Sicherheitsgründen von einem 230-V-Lötkolben abzuraten ist, erläutert Kapitel 12.

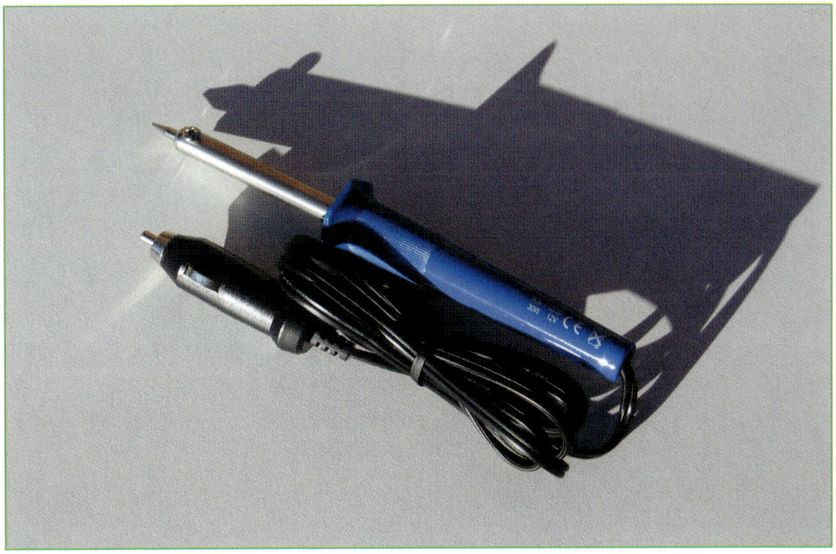

Abb. 1.11 – 12-V-Lötkolben sind für kleine Lötarbeiten im Auto zu empfehlen.

1.5 Batterielötkolben machen mobil

Batterielötkolben machen mobil und arbeiten mit drei bis vier Mignonbatterien. Sie erreichen je nach Modell Leistungen von rund 6 W und bis zu 40 W. Diese Lötkolben eignen sich für Arbeiten im Elektronikbereich oder dort, wo für einen 230-V-Lötkolben keine Steckdose in Reichweite ist. Nach rund 180 Lötungen muss man die Batterien auswechseln.

MIt Batterielötkolben sind zwei Löttemperaturen einstellbar, die höher als bei üblichen Handlötkolben sind. Die Geräte erreichen sehr schnell, nach rund 15 Sekunden, die Betriebstemperatur von 450 Grad oder 510 Grad und kühlen nach der Lötung schnell ab. Bereits nach rund 90 Sekunden kann man die Lötspitze berühren und abnehmen, ohne sich zu verbrennen. Sie ist wie bei anderen Lötkolben austauschbar.

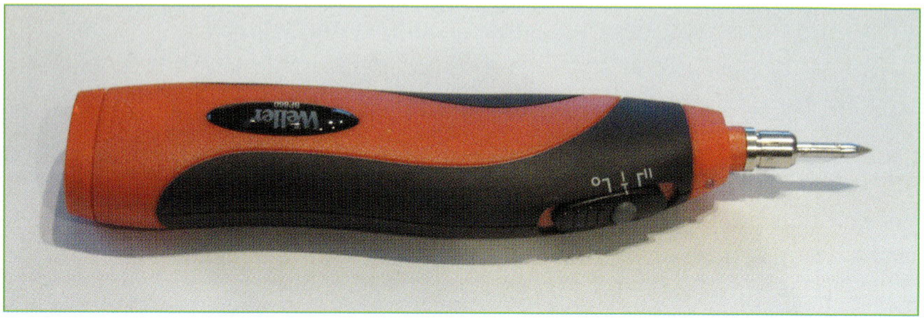

Abb. 1.12 – Ein batteriebetriebener Lötkolben mit einer Lötspitze in Bleistiftspitzenform, die sich für punktgenaue Lötungen an sehr kleinen Bauteilen und IC-Anschlüssen eignet.

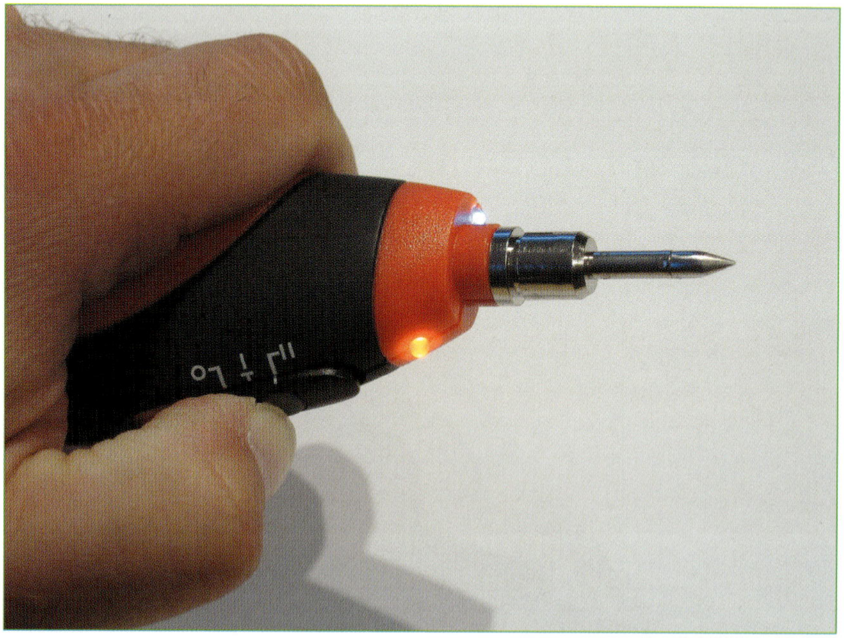

Abb. 1.13 – Damit sich der Batterielötkolben aufheizt, ist der Taster am Schiebeschalter gedrückt zu halten. Zwei Leuchtdioden zeigen den Betriebsstatus an.

2 Erforderliches Werkzeug und Zubehör

Erfolgreiches Löten verlangt neben dem richtigen Lötkolben geeignetes Werkzeug und Zubehör. Dazu gehören nicht nur Hammer, Schere, Zange und einige Schraubenzieher, sondern auch zusätzliche Elektronikwerkzeuge. Diese sind durchweg kleiner als typische Werkzeuge und erforderlich, um die Drahtanschlüsse elektronischer Bauteile vor dem Einlöten vorzubereiten. Mit einer großen Kombizange wird das kaum gelingen. Auch die Finger werden wahrscheinlich versagen, da präzises Arbeiten gefragt ist. Dieses Kapitel erläutert, welche Elektronikwerkzeuge und sonstiges Zubehör erforderlich sind, damit dem richtigen Löten nichts mehr im Wege steht.

2.1 Welche Lötspitze für welchen Zweck?

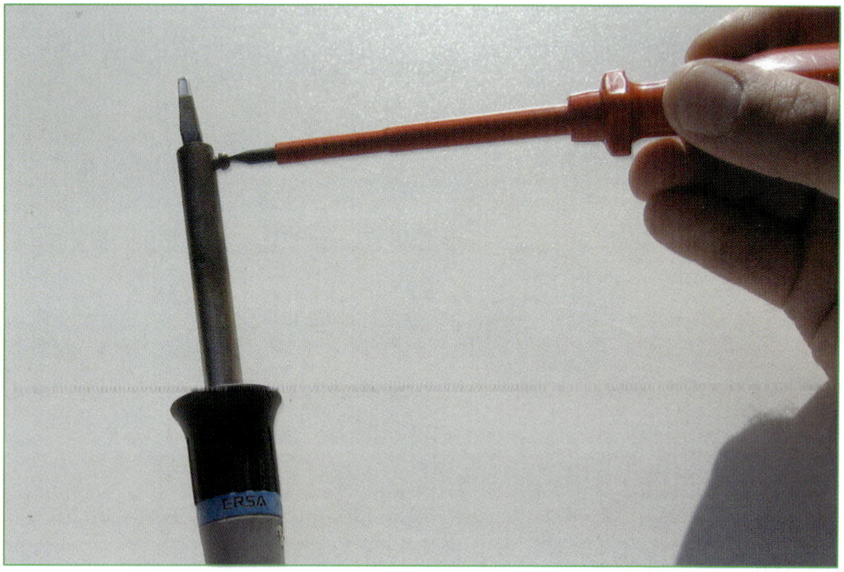

Abb. 2.1 – Die Lötspitzen vieler Lötkolben sind austauschbar. Meist ist dazu eine Schraube zu lockern.

Für den Erfolg einer Lötung ist nicht nur der richtige Lötkolben nach Kapitel 1, sondern auch die richtige Lötspitze entscheidend. Man kann sie deshalb bei vielen Lötkolben austauschen. Je nachdem, was Sie löten möchten, brauchen Sie einmal eine Bleistift- oder Flachspitze oder eine in Meißelform. Eine Lötspitze in Bleistiftspitzenform, die vor allem bei batteriebetriebenen Lötkolben nach Kapitel 1.5 anzutreffen ist, ermöglicht punktgenaue Lötungen. Sie ist deshalb bestens geeignet, um sehr kleine Bauteile oder die Beinchen von Integrierten Schaltungen (ICs) ein- oder auszulöten. Die Lötspitzen lassen sich meist leicht mit einem Schraubenzieher auswechseln. Bei einigen Lötkolben können Sie die Spitze sogar ohne Werkzeug abschrauben oder abziehen (Abb. 2.2). Der Lötkolben muss bei allen Auswechselarbeiten ausgekühlt sein.

Im Gegensatz zu Lötspitzen aus Kupfer sollten Dauerlötspitzen, die an die meisten Lötkolben angeschraubt sind immer mit Lot bedeckt bleiben. Das vermeidet Oxi-

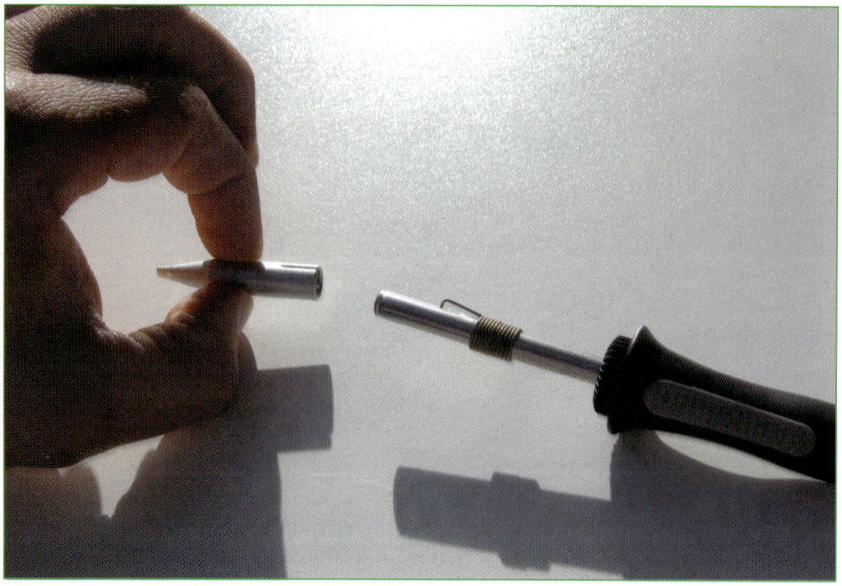

Abb. 2.2 – Besonders komfortabel sind Lötkolben mit Schnellwechselspitze.

Abb. 2.3 – Drei unterschiedliche Lötspitzen, links im Bild eine Bleistiftspitze.

dation und eine passive Lötspitze. Dauerlötspitzen sind deshalb nur von Verunreinigungen und überflüssigem Altlot zu befreien. Nehmen sie trotzdem kein Lot mehr auf, wickeln Sie einige Windungen flussmittelhaltigen Lötdraht um die kalte Lötspitze. Schließen Sie danach den Lötkolben ans Lichtnetz an, um ihn auf Temperatur zu bringen.

Lötspitze richtig handhaben verlängert die Lebensdauer

Der richtige Umgang pflegt die Lötspitze und verlängert so deren Lebensdauer. Dabei ist zwischen Lötspitzen aus Kupfer und sogenannten Dauerlötspitzen zu unterscheiden. Lötspitzen aus Kupfer transportieren die Wärme nahezu verlustlos zur Lötstelle. Dabei oxidieren sie jedoch stark und geben beim Löten mikroskopisch kleine Kupferteilchen ab. Das greift ihre Oberfläche an. Nur wenn Sie die Kupferlötspitze penibel pflegen, erreicht sie eine lange Lebensdauer – und das heißt: Die Spitze regelmäßig an einem feuchten Küchenschwamm abwischen, damit möglichst wenig Lot haften bleibt. Wenn man den Schwamm zuschneidet, passt er in jede dafür vorgesehene Schale eines Lötkolbenständers nach Kapitel 2.6. Der Fachhandel führt dafür auch spezielle Lötschwämme in passenden Größen.

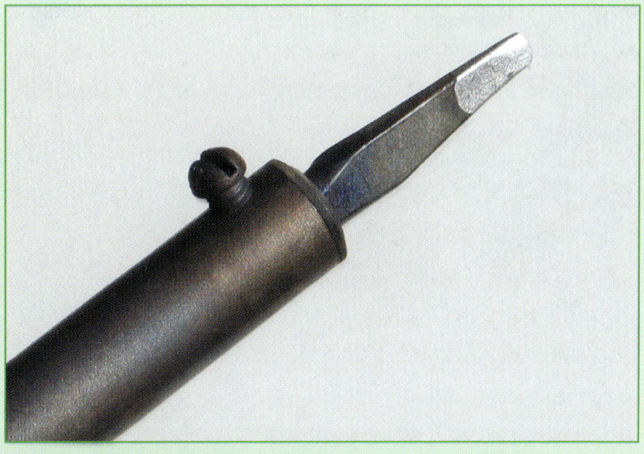

Abb. 2.4 – Eine mit Lot benetzte Dauerlötspitze.

2.2 Mit Elektronikerzangen Anschlussdrähte zuverlässig bearbeiten

Elektronikerzangen sind nur etwa halb so groß wie normales Werkzeug und eignen sich durch ihre zierliche Ausführung zum Bearbeiten elektronischer Bauteile. Mit einer Elektronikerflachzange können Sie Anschlussdrähte von Widerständen, Dioden oder Kondensatoren vor dem Einbauen bequem zurechtbiegen und so den Bohrungen auf der Platine anpassen. Mit einem Elektronikerseitenschneider oder einer kleinen Printzange lassen sich zu lange Drähte nach dem Einlöten der Bauteile kürzen. Sie sind so weit abzuzwicken, dass der Anschlussdraht nur noch rund 0,5 mm bis weniger als 1 mm aus dem Lötauge ragt. Das gelingt nicht mit normalen Elektrikerzangen. Mit ihnen ist es außerdem kaum möglich, einen einzelnen Anschlussdraht zu bearbeiten, wenn Sie mehrere Bauteile eingelötet haben.

Mit kleinen Printzangen lassen sich nur dünne weiche Drähte von rund 0,2 mm bis maximal 1,6 mm Durchmesser durchtrennen. Drähte mittlerer Härte dürfen Sie mit Printzangen dagegen nur bis zu einem Durchmesser von maximal 1 mm abkneifen. Wegen ihrer zierlichen Form und der kleinen Schneidefläche sind solche Zangen nicht für

Abb. 2.5 – Gebogene Elektronikerflachzange

Abb. 2.6 – Elektronikerseitenschneider mit Drahtklammer

2.2 Mit Elektronikerzangen Anschlussdrähte zuverlässig bearbeiten

Abb. 2.7 – Eine Printzange. Die im Bereich der Schneidefläche angebrachte Drahtklammer verhindert, dass die abgezwickten Drahtenden unkontrolliert wegspringen.

größere Drahtquerschnitte geeignet, die in der Elektroinstallation anzutreffen sind. Tiefe Kerben in der Schneidefläche wären die Folge, die das Bearbeiten feiner Drähte unmöglich machen würde.

Elektronikrundzangen
gibt es in verschiedenen Größen. Sie eignen sich, um kleine Ösen zu biegen und so beispielsweise die Anschlussdrähte der Bauteile besser anschrauben zu können. Auch Bauteile lassen sich mit diesen Zangen schonend halten.

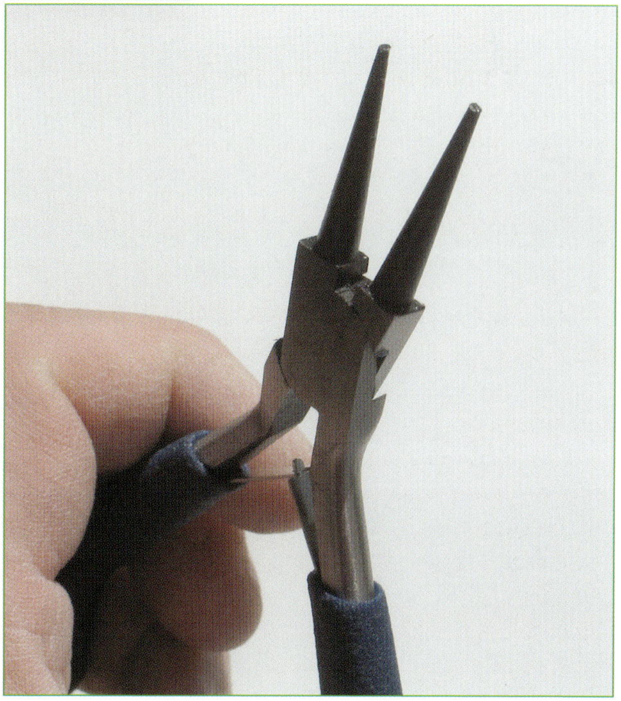

Abb. 2.8 – Elektroniker-Rundzange.

2.3 Abisolierzange macht Drahtenden blank

Mit Abisolierzangen können Sie den Kunststoff an den Drahtenden einige Millimeter abziehen, um den Draht so lötbar zu machen. Entscheidend ist, dass sich die Abisolierzange für verschiedene Drahtdurchmesser einstellen lässt. Das erleichtert das Abziehen, ohne den Leiter zu beschädigen. Für elektronische Anwendungen führt der Fachhandel spezielle Modelle, die für sehr dünne Drähte im Kunststoff- oder Gummi-Mantel geeignet sind. Das können ein-, mehr- oder feindrähtige Leiter mit Durchmessern von 0,1 mm bis 0,8 mm sein.

Mit etwas Geschick lässt sich die Isolierung bei Drahtdurchmessern ab rund 0,5 mm auch mit einem Seitenschneider entfernen. Drücken Sie diesen nur so weit zusammen, dass der Kunststoffmantel gerade durchtrennt wird, und ziehen Sie die Isolierung vom Draht ab. Drücken Sie den Seitenschneider zu fest zusammen, können Sie den Draht unbeabsichtigt abzwicken, oder Sie haben mit einer Kerbe eine mögliche Fehlerquelle hinterlassen. Durch Verbiegen oder anderen mechanischen Druck wird der Draht wahrscheinlich genau an dieser Stelle brechen.

Abisolierpinzette für dünne Drähte mit Lackschicht
Häufig sind sehr feine Drähte mit kaum erkennbarem, durchsichtigem Lack umgeben. Sie erkennen diese Isolierung am besten, wenn Sie den Draht zwischen die Finger nehmen. Die Lackschicht fühlt sich etwas glatter und wärmer an als die blanke Drahtoberfläche. Um den Lack zu entfernen, ist eine Lackabzieh-Pinzette ideal. Man spricht auch von einer Abisolierpinzette. Je nach Ausführung eignet sie sich für Drahtdurchmesser von rund 0,5 mm bis 1 mm.

2.4 Verschiedene Schraubenzieher

Verschiedene Schraubenzieher zählen ebenfalls zur Standardausstattung eines Elektronikbastlers. Neben Flach- und Kreuzschlitz-Schraubenziehern können welche mit Sonderspitzen gefragt sein, um Gehäuse zu öffnen oder Platinen auszubauen. Schraubendreher mit flacher Klinge sind hilfreich, wenn Sie einen IC vom Sockel abheben oder einen regelbaren Widerstand auf einer Schaltung einstellen möchten. Neben Schraubenziehern normaler Größe benötigen Sie für Elektronikanwendungen kleine Feinmechaniker-Schraubendreher.

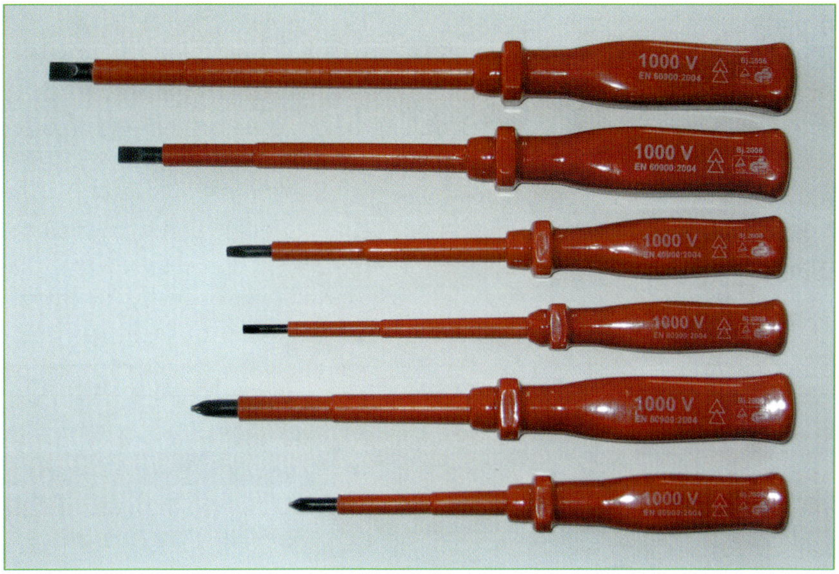

Abb. 2.9 – Eine Grundausstattung an üblichen Schraubenziehern sollten Elektronikbastler griffbereit haben

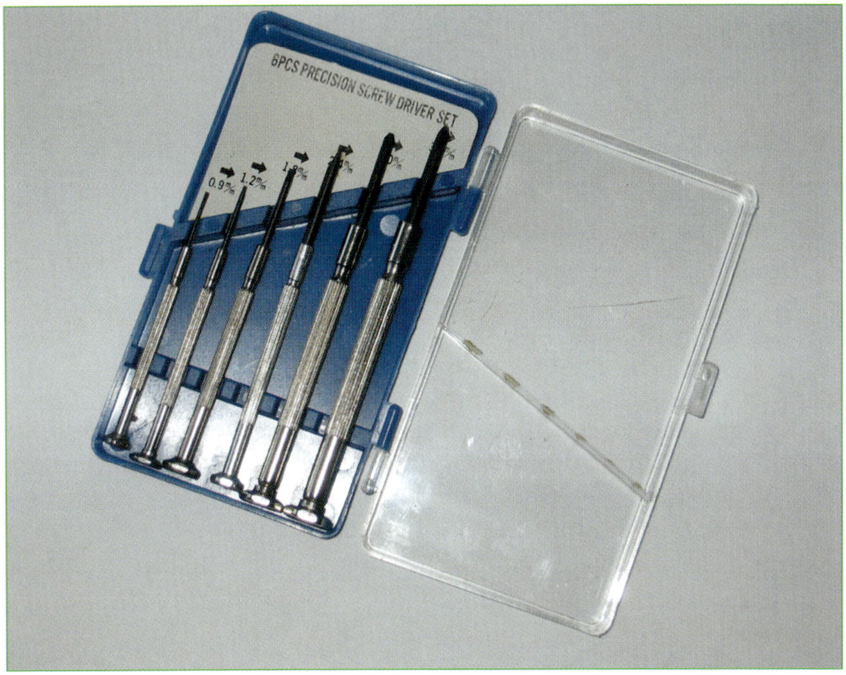

Abb. 2.10 – Feinmechaniker-Schraubenzieher im Set

2.5 Pinzette und Lupe dürfen nicht fehlen

Pinzetten helfen, eine Platine mit sehr kleinen elektronischen Bauteilen zu bestücken. Hierzu gehören SMD-Bauteile nach Kapitel 10, die Sie damit punktgenau löten können. Dabei sind Geschick und eine ruhige Hand gefragt. Herkömmliche Elektronikerzangen nach Kapitel 2.2 kommen wegen ihrer Größe nicht infrage. Pinzetten sind auch beim Auslöten von Bauteilen oder beim Hantieren mit ICs praktische Werkzeuge.

Auch einfache Lupen sollten zur Standardausstattung eines Elektronikbastlers gehören. Sie ermöglichen es, die Qualität vor allem einer kleinen Lötung besser zu beurteilen. Ist der Lötpunkt einwandfrei? Oder fehlt Lötzinn, weil ein Teil der Platinenbohrung noch sichtbar ist? Ein Blick durch die Lupe verschafft Gewissheit. Auch schlechte Kontaktstellen, Defekte und Beschriftungen an Bauteilen lassen sich so problemlos erkennen – von Vorteil bei sehr filigranen Lötarbeiten.

Lupen können bereits an Platinenhalterungen befestigt sein. Das Kapitel 2.7 erläutert unter der Überschrift *Helping Hands – eine preiswerte Alternative?* diese Platinenhalterungen. Die Lupe an diesen Geräten ist so auszurichten, dass Sie die Arbeitsstelle optimal sehen können. Das erlaubt, beim Einlöten sehr kleiner IC-Beinchen das Lötzinn exakt aufzutragen, um anschließende Kurzschlüsse zu vermeiden.

2.6 Woran Sie gute Lötkolbenständer erkennen

Gute Lötkolbenständer besitzen einen stabilen Standfuß, an dem eine solide Metallwendel montiert ist (Abb. 2.11). Diese nimmt den gesamten vorderen heißen Teil des Lötkolbens auf und schützt so vor Berührung. Der Standfuß garantiert sicheren Halt, so dass der Lötkolben nicht verrutschen kann. Diese Lötkolbenständer eignen sich am besten für Feinlötkolben nach Kapitel 1.1 und Universallötkolben nach Kapitel 1.2, also Geräte mit bis zu 40 W Leistung. Auch etwas größere Lötkolben mit bis zu 80 W können in die Metallwendel hineinpassen. Da sie jedoch deutlich größer sind, muss man abschätzen, ob der Lötkolbenhalter noch stabil stehen kann. Er besitzt meist eine Schale, in die Sie einen kleinen befeuchteten Schwamm legen können. Egal, ob zugeschnittener Küchenschwamm oder der passende Lötschwamm aus dem Fachhandel: Streifen Sie die Lötkolbenspitze gelegentlich daran ab, um sie von Ablagerungen und überflüssigem Lot zu reinigen.

Abb. 2.11 – Ein solider Ablageständer ist der ideale Aufbewahrungsort für heiße Lötkolben.

Abb. 2.12 – Den Lötschwamm kann man unter fließendem Wasser befeuchten, ausdrücken und in die Schale des Lötkolbenständers legen.

2.6 Woran Sie gute Lötkolbenständer erkennen

Lötkolbenhalter gibt es nicht nur als Lötzubehör zu kaufen. Sie sind auch im Lieferumfang der meisten Lötstationen enthalten, über die Kapitel 15 informiert.

Vorsicht bei kleinen Ständern

Immer wieder sind Lötkolben kleine Ständer beigepackt. Sie haben meist die Form eines Plättchens mit aufklappbarem Bügel (Abb. 2.13). Anders als die großen Lötkolbenständer geben diese Modelle nur wenig Halt. Berühren Sie das Anschlusskabel, kann der Lötkolben aus der Halterung fallen und Schaden anrichten. Die Miniaturhalter schützen außerdem nicht davor, die Lötspitze unabsichtlich zu berühren. Sie sind deshalb nur ein Notbehelf, als solide Dauerlösung scheiden sie aus – es sei denn, Sie nutzen einen großen Standardlötkolben nach Kapitel 1.3, der für gängige Halter zu lang und zu schwer ist. In diesem Fall kommen Sie um einen kleinen Ständer nicht umhin. Bevor Sie den Lötkolben darauf ablegen, achten Sie auf ein frei liegendes Anschlusskabel. Es darf nicht am Arbeitstisch herunterhängen, damit es den Lötkolben nicht nach unten ziehen kann.

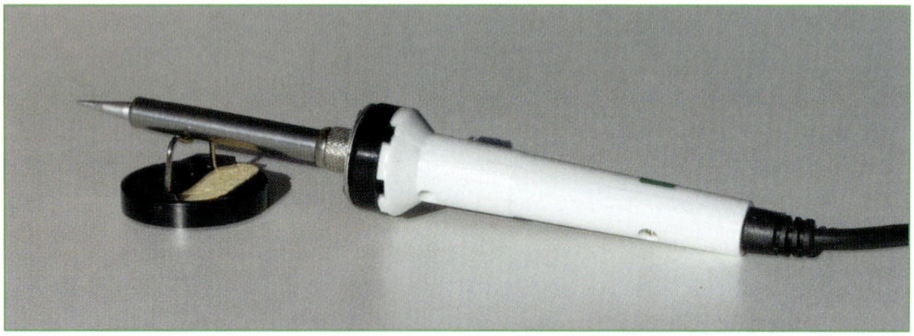

Abb. 2.13 – Mitunter sind Lötkolben sehr filigrane Ständer beigepackt, die nur ein Notbehelf sind.

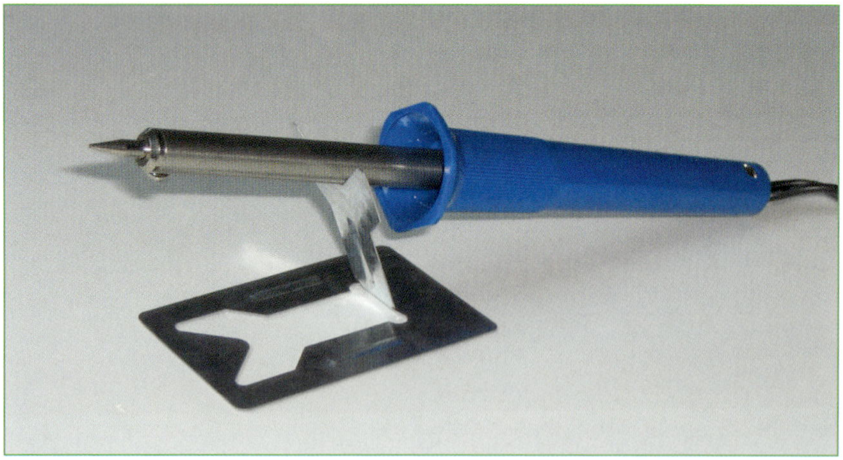

Abb. 2.14 – Kleine Lötkolbenständer sollte man nur für lange schwere Lötkolben verwenden.

2.7 Spezialschraubstöcke machen das Löten leichter

Damit das Löten problemlos klappt, sollte man die Platine nicht mit einer Hand festhalten und mit der anderen den Lötkolben. Komfortabler arbeiten Sie mit Feinmechanikerschraubstöcken, in die Sie empfindliche Werkstücke wie Platinen einspannen können. Feinmechanikerschraubstöcke sind universell einsetzbar und kommen deshalb für Basteleien aller Art infrage. Sie sind relativ schwer und bieten stabilen Halt – selbst dann, wenn Sie den Schraubstock auf den Tisch stellen. Haben Sie zu Hause eine Werkstatt, können Sie ihn an der Werkbank anschrauben. Möchten Sie den Feinmechanikerschraubstock an verschiedenen Orten nutzen, lässt er sich mit einer aufsteckbaren Spannzwinge an fast jeder Tischplatte montieren. Andere Modelle haben einen Saugfuß, mit dem man sie besonders schonend an glatten Oberflächen befestigen kann. Diese Schraubstöcke liefern höchsten Arbeitskomfort und mindern das Unfallrisiko.

Abb. 2.15 – Feinmechaniker-Schraubstöcke eignen sich bestens für Lötaufgaben.

Abb. 2.16 – Mit der aufsteckbaren Spannzwinge lässt sich der Schraubstock an jeder Tischplatte befestigen.

Schraubstöcke haben mehrere Vorteile, die das Löten entscheidend vereinfachen. Sie erlauben, die zu

2.7 Spezialschraubstöcke machen das Löten leichter

bearbeitende Platine je nach Größe so einzuspannen, dass sie nach oben ragt, oder man spannt sie quer zwischen beide Backen – ganz nach Bedarf. Damit die Schraubstockbacken der Platine nichts anhaben können, besitzen einige Modelle Schutzkappen aus Kunststoff. Besonders komfortabel ist das Kugelgelenk, mit dem Sie die Platine in die Position bringen können, in der die Arbeit am leichtesten von der Hand geht. Lockern Sie den Spannhebel etwas, und Sie können den Schraubstock in alle Richtungen schwenken. Selbst vermeintlich

Abb. 2.17 – Schutzkappen aus Kunststoff lassen sich über die Metallbacken des Schraubstocks stülpen und schützen so empfindliche Werkstücke.

schwer zugängliche Arbeitsbereiche sind so leicht zu erreichen.

Die beschriebenen Kleinschraubstöcke führt der Fachhandel unter verschiedenen Bezeichnungen wie „Kugelkopf-Schraubstock" oder „Vakuum-Schraubstock". Für gute

Abb. 2.18 – Mit dem Kugelgelenk können Sie die Platine in die Position bringen, in der die Arbeit am leichtesten von der Hand geht.

Modelle sollten Sie mindestens 25 Euro einplanen. Eine Preisgrenze nach oben gibt es nicht.

Helping Hands – eine preiswerte Alternative?

Wer Geld sparen möchte, kann auf sogenannte Helping Hands, zu Deutsch helfende Hände, zurückgreifen – ein im Gegensatz zum Feinmechanikerschraubstock eher filigranes Gebilde. Es besteht aus einem kleinen Standfuß und einer Stange, an der Gelenke und zwei Krokodilklemmen mit Flügelmuttern festzuschrauben sind. Auf der Stange kann zusätzlich eine ebenfalls dreh- und schwenkbare Lupe montiert sein. Klemmen Sie die Platine in die Krokodilklemmen ein und richten Sie sie in die gewünschte Lage aus. Ein wenig Übung ist allerdings erforderlich, bis Sie die Handhabung mit wenigen Handgriffen beherrschen. Die Krokodilklemmen sind außerdem mit Vorsicht zu genießen. Da sie fest zupacken, können sie bei unachtsamer Handhabung schon einmal eine Leiterbahn zerstören. Auch der Größe der zu lötenden Platinen sind im Gegensatz zu Feinmechanikerschraubstöcken Grenzen gesetzt: Mit zunehmender Größe des Werkstücks steigt die Gefahr, dass der Platinenhalter umkippt, was die Arbeit etwas erschwert.

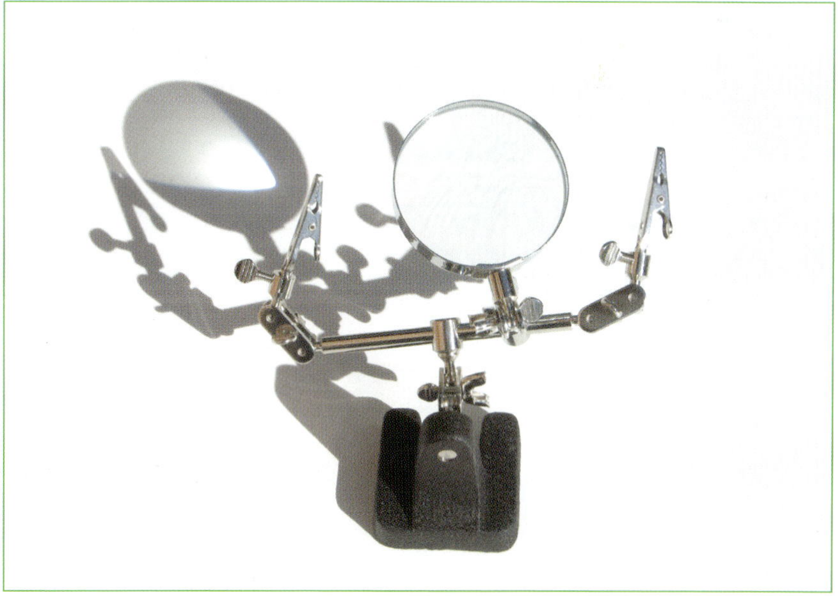

Abb. 2.19 – Der Umgang mit diesem zierlichen Platinenhalter will gelernt sein.

2.8 Flussmittelentferner beseitigt Lötrückstände

Lötzinn enthält ein sogenanntes Flussmittel, das für das leichte Schmelzen und gleichmäßige Verteilen des Lots im Arbeitsbereich verantwortlich zeichnet. Nachdem die Lötstelle ausgekühlt ist, hinterlässt es an der Platinenoberfläche allerdings hässliche bräunliche und etwas klebrige Rückstände. Diese lassen sich mit Flussmittelentferner beseitigen, der als Spray oder Stift im Fachhandel erhältlich ist. Im Gegensatz zum Flussmittelentferner in Sprayform kann man mit Reinigungsstiften gezielt und punktgenau säubern. Typische Anwendungsgebiete sind gedruckte Leiterplatten, Bauteilanschlüsse und empfindliche Schaltbauteile.

Abb. 2.20 – Mit einem Flussmittelspray und einem Tuch lassen sich Lötrückstände bequem abwischen. (Foto: Chemtronics)

Abb. 2.21 – Ein Flussmittelentferner als Reinigungsstift erlaubt, Lötrückstände punktgenau zu entfernen. (Foto: Chemtronics)

Achten Sie bei der Auswahl des Flussmittelreinigers auf die zu bearbeitenden Materialien und auf die Art des Flussmittels. Lesen Sie dazu die Herstellerhinweise auf den Verpackungen oder recherchieren Sie alternativ im Internet auf den Websites der Hersteller. Mitunter stoßen Sie dort auf Vergleichstabellen, die Ihnen die Auswahl eines Produkts erleichtern. Achten Sie dabei auch auf Kunststoffverträglichkeit. Flussmittelentferner schonen die meisten Kunststoffe, elastisch verformbare Kunststoffe, man spricht auch von Elastomeren, und die meisten Gummitypen.

2.9 Alte Bauteile auslöten? Entlötdraht und Entlötpumpe helfen

Beim Löten sind nicht nur elektronische Bauteile auf eine Platine zu stecken und Bausätze zusammenzubasteln. Auch das Auslöten von Bauelementen gehört dazu – zum Beispiel, wenn Sie einen defekten Widerstand gegen einen neuen austauschen möchten oder ein ausgedientes Gerät „ausschlachten". Damit sich das Lötzinn an den Bauteilen sicher entfernen lässt, sind Entlötdrähte zu empfehlen. Sie sind aus vielen dünnen, hochflexiblen Metalllitzen geflochten, flussmittelgetränkt und nehmen so das Altlot auf. Je nachdem, ob Sie kleine oder große Bauteile auslöten wollen, führt der Fachhandel Entlötdrähte in verschiedenen Breiten von rund 0,6 mm bis 5 mm. Zu unterscheiden sind außerdem Drähte für altes, bleihaltiges und neues, bleifreies Lötzinn. Entlötdrähte sind nur einmal verwendbar und halogenfrei. Kapitel 8.1 erläutert, wie man sie fachgerecht einsetzt, damit das Lotentfernen komfortabel klappt.

Abb. 2.22 – Entlötdrähte aus Kupferlitze.

Abb. 2.23 – Bei dieser Entlötlitze ist ein Hinweis, der auf ihre Eigung für bleifreies Lot hinweist, angeführt.

Mit einer Entlötpumpe können Sie überschüssiges Lötzinn absaugen. Sie gleicht einem überdimensionierten Kugelschreiber und besteht aus einem Zylinder, in den ein mit einer Spiralfeder vorgespannter Kolben eingebaut ist. An der Spitze

2.9 Alte Bauteile auslöten? Entlötdraht und Entlötpumpe helfen

ist eine hitzebeständige Teflonspitze mit einem kleinen Loch aufgeschraubt. Wenn Sie Lötzinn absaugen wollen, müssen Sie den Kolben spannen. Drücken Sie dazu den Griff auf der Rückseite so weit in den Zylinder, bis dieser einrastet. Er ist jetzt über die Spiralfeder vorgespannt, die Sie über einen Knopf entspannen können. Der erzeugte Unterdruck saugt das überschüssige Lot auf und transportiert es in den Zylinder. Hochwertige Entlötpumpen kompensieren diesen Rückstoß, so dass die Entlötspitze beim Absaugen nicht mehr auf die Lötstelle aufschlägt. Der Umgang mit Entlötpumpen erfordert etwas Übung. Kapitel 8.2 erläutert, wie beim Entlöten mit der Pumpe vorzugehen und auf was dabei zu achten ist.

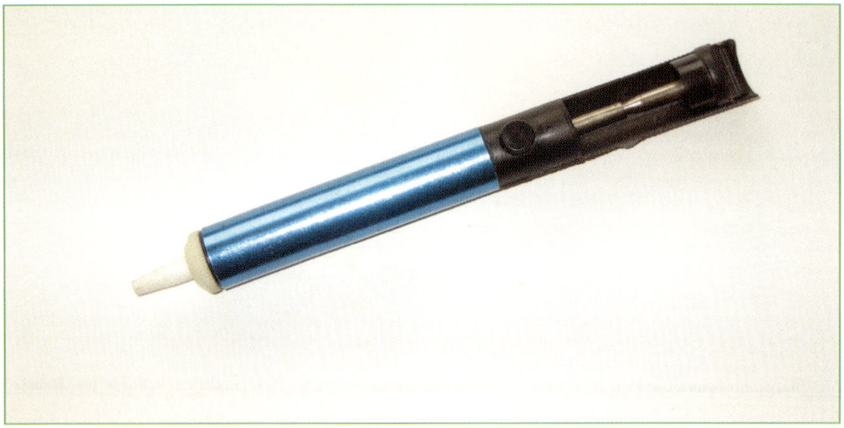

Abb. 2.24 – Eine höherwertige Entlötpumpe ist oft an einem Metallzylinder erkennbar.

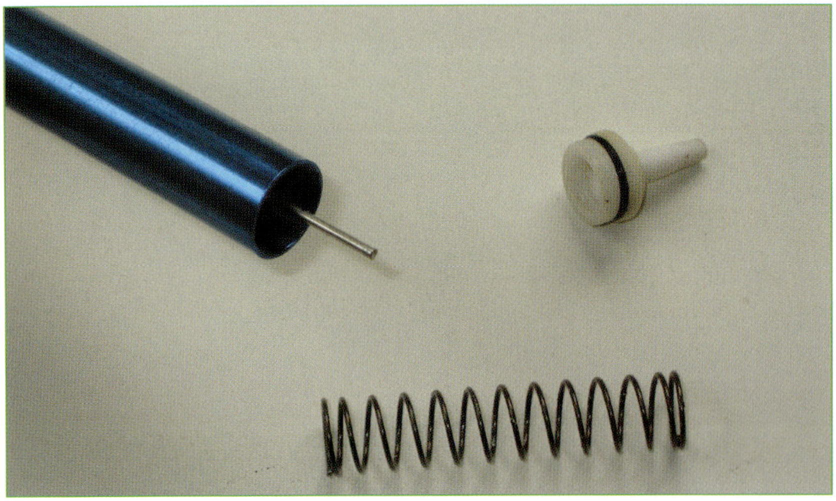

Abb. 2.25 – Das Innenleben einer Entlötpumpe

3 Sicherheit geht vor

Lötkolbenspitzen werden über 400 Grad Celsius heiß. Um Schäden zu vermeiden, muss man umsichtig mit dem heißen Gerät hantieren, das sonst im schlimmsten Fall einen Brand auslösen kann! Nicht jeder Anwender besitzt eine Werkstatt, in der er nach Lust und Laune basteln kann, ohne besonders aufs Mobiliar achten zu müssen. Wenn Sie im Wohnzimmer, der Küche oder im Büro löten, entfernen Sie deshalb vorher alle brennbaren Stoffe aus dem Arbeitsbereich. Dazu zählen nicht nur Papier, sondern auch leicht entflammbare Flüssigkeiten wie Reinigungsmittel und Sprays.

3.1 Arbeitsstelle mit wenig Aufwand sicher einrichten

Wer auf Nummer sicher gehen will, kann mit geringem Aufwand die Arbeitsstelle optimieren und so Schäden nachhaltig vorbeugen. Um den Tisch zu schützen, eignet sich als Arbeitsunterlage beispielsweise ein Stück von einem PVC-Bodenbelag. Man kann in Baumärkten oder Möbelhäusern danach fragen. Es sollte am besten so groß wie der Tisch sein, um ihn vollständig zu bedecken. Ein eineinhalb bis zwei Meter breites und ein Meter tiefes PVC-Stück tut allerdings auch seinen Dienst. Darauf finden Sie ausreichend Platz zum Löten und für das Zubehör, das Sie zum Basteln benötigen. PVC-Bodenbeläge lassen sich danach Platz sparend zusammenrollen und in eine Ecke

Abb. 3.1 – Ein Reststück eines PVC-Bodenbelags eignet sich bestens als Arbeitsunterlage.

3.1 Arbeitsstelle mit wenig Aufwand sicher einrichten

stellen. Satt eines Bodenbelags kommt auch ein zurechtgeschnittenes Stück eines stabilen Kartons infrage. Da weder Karton noch Bodenbelag feuerfest sind, schützen sie zwar die Tischoberfläche, sind aber kein Freibrief für unachtsames Handeln.

Denken Sie auch an den Boden, auf dem zwar kaum der Lötkolben, aber heißer Lötzinn landen kann. Selbst vorsichtiges Löten schützt davor nicht. Haben Sie einen Stein- oder Fliesen-Boden, können Sie später das Lötzinn leicht vom Boden entfernen. Holz- oder gar Teppichböden und Teppiche reagieren dagegen auf heißes Lötzinn „allergisch". Legen Sie deshalb einen großen Karton auf den Boden, der auch unter den Tisch ragt. Stellen Sie einen Stuhl darauf und schon sollte nichts mehr passieren.

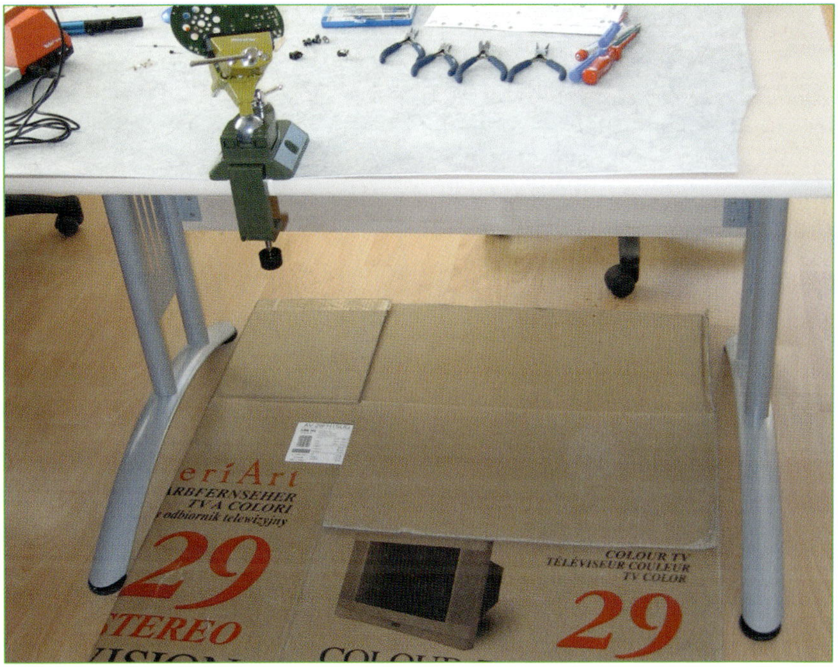

Abb. 3.2 – Den Boden kann man am besten mit einem großen ausgebreiteten Stück Karton schützen.

3.2 Augen auf bei Lötspitze und Lötzinn

Auch wenn das vielleicht etwas unbequem ist: Den heißen Lötkolben sollte man nicht achtlos auf die Tischplatte legen und das Stromkabel herunterhängen lassen. Da vor allem Fein- und Universal-Lötkolben sehr leicht sind, werden sie häufig vom schweren Stromkabel nach hinten gezogen. Dabei kann die Lötspitze die Tischplatte berühren, und der Schaden ist eingetreten.

Abb. 3.3 – Ein mittlerer 30-W-Lötkolben hinterlässt bereits nach 90 Sekunden hässliche Flecken auf einem Holzstück.

Mit Lötspitze einen Bogen um Anschlusskabel machen

Achten Sie darauf, dass die heiße Lötspitze auf keinen Fall in die Nähe des Anschlusskabels gelangt, das zum Lötkolben führt! Wegen der Hitze schmilzt die Isolation des Kabels. Ist Ihnen doch so ein Missgeschick passiert, berühren Sie keine metallischen Teile und ziehen Sie sofort den Netzstecker des Lötkolbens aus der Steckdose. Untersuchen Sie danach das Kabel gründlich. Haben Sie Glück gehabt, ist die Isolierung nur leicht angesengt. Aber Achtung: Der Isolierkunststoff hat an dieser Stelle deutlich an Elastizität verloren und kann deshalb jederzeit aufbrechen! Ist das Kabel eher am Ende angesengt, lässt es sich durch Kürzen reparieren. Einfach den verbrannten Teil mit einer Kneifzange oder einem Seitenschneider abkneifen und den Netzstecker neu anschrauben. Ist ein größerer Teil des Kabels beschädigt, muss man dagegen den Lötkolben als Elektroschrott entsorgen. Nutzen Sie Kabel und Lötkolben dagegen weiter, kann die Lötspitze die Schadstelle durch eine Unachtsamkeit noch einmal berühren. Im schlimmsten Fall erleiden Sie einen Stromschlag mit

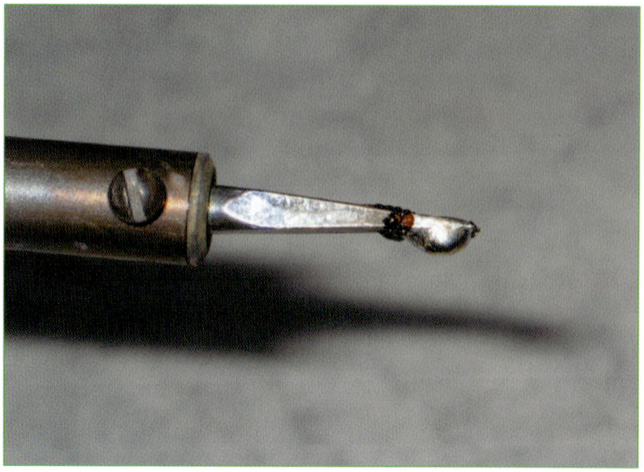

Abb. 3.4 – Zu viel Lot an der Lötspitze

tödlichen Folgen. Auch um die Schadstelle gewickeltes Gewebeband hilft nicht weiter, weil es sich mit der Zeit lösen kann. Angesengte Kabel sind deshalb ausnahmslos auszutauschen.

Zu viel Lot auf Lötspitze vermeiden

Mitunter sammelt sich auf der Lötspitze viel Lot an, das als bedrohlicher Tropfen herunterhängt. Es kann jederzeit auf die Platine fallen und diese beschädigen. Da sich das Lot auf der Platinenoberfläche in viele große, aber auch sehr kleine Spritzer verteilt, können Kurzschlüsse auftreten. Im schlimmsten Fall ist die Leiterplatte unbrauchbar geworden – vor allem dann, wenn sie kleine elektronische Bauteile trägt. Je kleiner die Lötspitze, umso größer ist die Gefahr, dass so etwas passiert. Damit sich nicht zu viel Lot an der Spitze ansammelt, streifen Sie diese regelmäßig am Lötschwamm ab. Mit sauberen Lötspitzen geht das Löten außerdem leichter von der Hand. Sie sollten das überschüssige Lot übrigens nicht abschütteln. Diese unter Elektronikern weit verbreitete Praxis führt dazu, dass einige große und viele kleine und kleinste Tropfen an Stellen landen, wo sie nicht hingehören. Fallen Tropfen auf Baugruppen, können sie diese zerstören. Manchmal werden größere Flächen mit einer dünnen Lotschicht überzogen. Gelangen Lottropfen auf Haut, Möbelstücke oder Bodenbeläge, sind Brandflecken nicht weit.

Abb. 3.5 – Die Lötspitze regelmäßig von Verunreinigungen und überflüssigem Lot reinigen

Abb. 3.6 – Von der Lötspitze abgeschütteltes Lot verteilt sich unkontrolliert.

Abb. 3.7 – Ein Block aus altem Lötzinn. Auch daran kann man zu viel Lot von der Lötspitze abstreifen. (Foto: Burkhard Kainka)

3.3 Hände weg von zu lötenden Teilen

Man kann sich durch achtloses Hantieren mit der Lötkolbenspitze leicht die Finger verbrennen. Deshalb die zu lötende Platine nicht in der Hand halten, um von vornherein genügend Abstand zur heißen Lötspitze zu haben. Zittern Sie zu stark oder rutschen von der Arbeitsstelle ab, haben Sie sich sonst schnell verbrannt. Dauerhafte Narben können die Folge sein. Für sicheres Arbeiten ist deshalb ein Feinmechaniker-Schraubstock nach Kapitel 2.7 zu empfehlen, in den Sie die Platine einspannen können. Gleiches gilt für zu lötende Metallteile, die man ebenfalls nicht mit der Hand anfassen sollte. Da Metalle sehr gute Wärmeleiter sind, breitet sich die zugeführte Hitze sehr schnell auf die gesamte Metallfläche aus. Sie müssen deshalb nicht einmal die unmittelbare Nähe der Lötstelle berühren, um sich zu verbrennen. Haben Sie sich aus Versehen doch einmal verbrannt, kühlen Sie die Stelle so schnell wie möglich mit lauwarmem Wasser. Auch wenn Ihnen kaltes Wasser angenehmer erscheint, sollten Sie einen Bogen darum machen. Es verengt die Blutgefäße und behindert so die Wärmeabfuhr durch das zirkulierende Blut. Wer zufällig schmerzlindernde Zinksalbe zur Hand hat, kann durch Auftragen auf die verbrannte Stelle der Blasenbildung vorbeugen.

4 Perfekte Lötpunkte auf Platine setzen

Abb. 4.1 – Einwandfreie Lötpunkte aus bleihaltigem Lötzinn sind am metallischen Glanz zu erkennen. (Foto: imago)

Wenn Sie Ihre Arbeitsstelle nach Kapitel 3 sicher eingerichtet, den passenden Lötkolben sowie erforderliches Werkzeug und Zubehör griffbereit haben, steht dem richtigen Löten nichts mehr im Wege – und das beginnt bei korrekten Lötverbindungen. Ohne sie läuft in elektronischen Schaltungen nichts. Man erkennt einwandfreie Lötstellen aus bleihaltigem Lötzinn an einer möglichst glatten, hochglänzenden Oberfläche ohne poröse Stellen (Abb. 4.1). Damit die Lötung gelingt, geben Sie nur so viel Lötzinn auf die Lötstelle, dass Sie die Kontur des Bauteilanschlusses im erstarrten Lotkegel gut erkennen können. Der Lötzinnkegel sollte beim Handlöten einen Winkel von 30 Grad bis maximal 50 Grad haben (Abb. 4.2). Die Lötverbindung wird nicht stabiler, wenn Sie mehr Lot auftragen. Außerdem können Kurzschlüsse auftreten, weil der große Lötklumpen benachbarte Lötkontakte oder Leiterbahnen berühren kann.

Wie trägt man das Lot richtig auf? Zuerst erwärmen Sie mit der Lötspitze die zu verbindenden Metallteile auf Arbeitstemperatur. Fügen Sie anschließend Lot hinzu, das sich durch die heißen Metalle erhitzt und schmilzt. Die Lötspitze sollte es kaum berühren. So kann sich das Lot gleichmäßig verteilen und die Metallteile gut miteinander verbinden. Außerdem bleibt es kaum oder gar nicht an der Lötspitze haften.

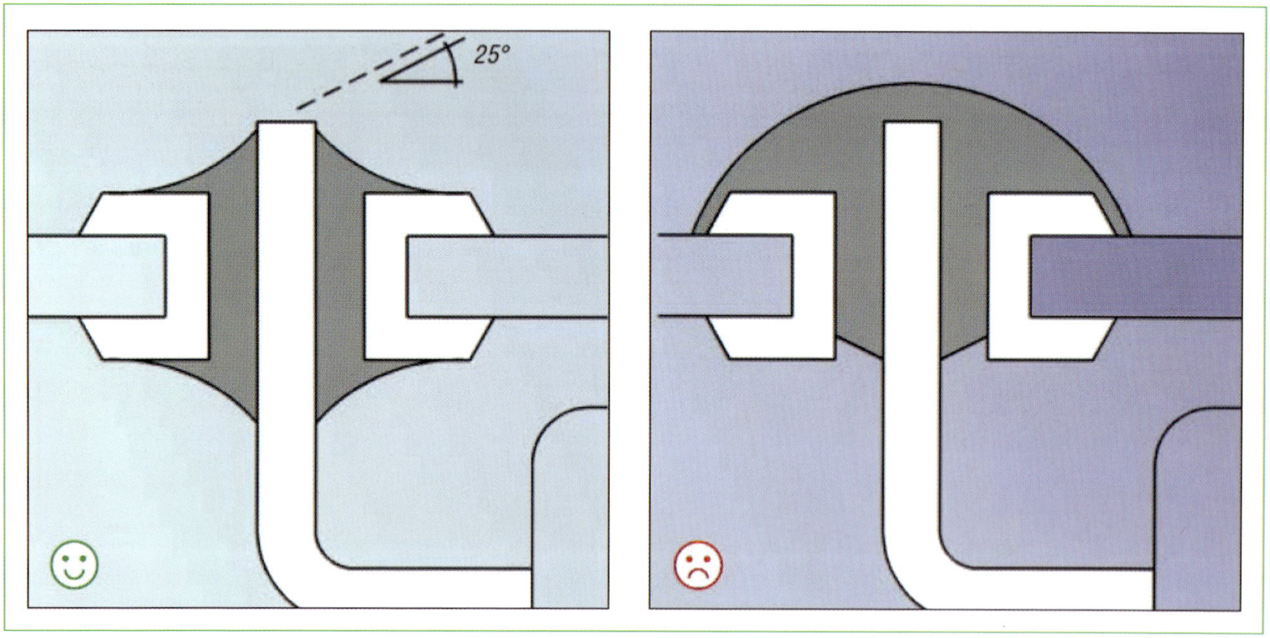

Abb. 4.2 – Links die richtige, rechts die falsche Lötung (Foto: Ersa)

4.1 Leitfaden zum Vorgehen

Damit der erste Bausatz nicht an Lötpunkten scheitert, die nur so aussehen, als wäre eine leitende Verbindung vorhanden, ist einwandfreies Löten erforderlich. Aber mit etwas Übung wird jede Lötstelle sogar perfekt. Die folgenden Arbeitsschritte erläutern am Beispiel einer einzubauenden Fassung für eine Integrierte Schaltung (IC), wie man perfekte Lötpunkte auf die Platine setzt. IC-Fassung nach Kapitel 6.9 in die vorgesehenen Bohrungen stecken und los geht's.

Abb. 4.3 – Schritt 1: Lötzinn und Lötspitze gleichzeitig auf die Lötstelle führen.

Abb. 4.4 – Schritt 2: Die Position der Lötspitze nicht verändern, bis das Lötzinn die Lötstelle vollständig bedeckt

Führen Sie zuerst Lötzinn und Lötspitze gleichzeitig auf die Lötstelle. Die Lötspitze muss nach Abb. 4.4 sowohl das IC-Beinchen als auch die Platinenfläche berühren. Verändern Sie die Position der Lötspitze nicht, bis das Lötzinn die Lötstelle vollständig bedeckt. Das dauert je nach Temperatur des Lötkolbens rund eine halbe bis zu einer Sekunde. Danach führen Sie die Lötspitze im Halbkreis rechts um das IC-Beinchen herum (Abb. 4.5).

Informationen und Bilder von Burkhard Kainka: *www.elexs.de*

4.1 Leitfaden zum Vorgehen

Gleichzeitig das Lötzinn links herum führen und nachschieben, so dass es auf einer Länge von rund einem Millimeter schmilzt. Durch die Hitze verteilt sich das Lot gleichmäßig. Ist die richtige Menge Lötzinn verbraucht, nehmen Sie zuerst den Lötdraht von der Lötstelle weg.

Zuletzt ziehen Sie die Lötspitze abrupt weg. Das noch dünnflüssige und durch das Flussmittel geschützte Lötzinn erreicht seine endgültige Form und erstarrt. Mit etwas Übung gleichen sich so am Ende alle Lötstellen auf der Platine wie ein Ei dem anderen.

Abb. 4.5 – Schritt 3: Die Lötspitze im Halbkreis rechts um das IC-Beinchen, das Lötzinn links herum führen

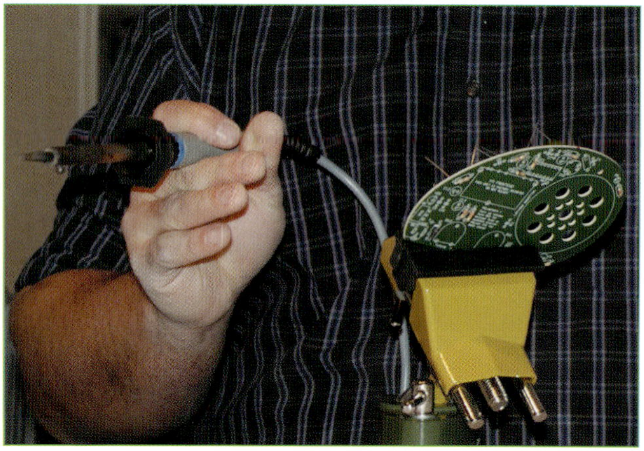

Abb. 4.6 – Schritt 4: Nachdem Sie den Lötdraht von der Lötstelle entfernt haben, die Lötspitze abrupt wegziehen – fertig

5 Rote Karte für Kalte Lötstellen

Damit eine elektronische Schaltung funktioniert, müssen alle Lötpunkte einwandfrei sein. Wenn Sie laut Kapitel 4 vorgehen, kann eigentlich nichts schief gehen. Trotzdem lohnt sich ein Blick auf schlechte Lötstellen. Vor allem Kalte Lötstellen gehören dazu, die bei bleihaltigem Lot etwas matt aussehen und manchmal auch eine klumpige Oberfläche haben. Sie sind im Elektronikbereich gefürchtet und begegnen nicht nur dem Hobbybastler.

5 Rote Karte für Kalte Lötstellen

Selbst bei gekauften Geräten lassen sich immer wieder welche auf der Platine finden. Es können Monate oder Jahre vergehen, bis sich eine Kalte Lötstelle bemerkbar macht und zu Betriebsstörungen führt. Davon betroffen sind auch sehr preiswerte Geräte der Unterhaltungselektronik. Funktionieren sie nach einiger Zeit nicht mehr so, wie sie sollten, ziehen Sie den Gerätestecker aus der Steckdose und werfen Sie einen Blick ins Geräteinnere. Entdecken Sie eine Kalte Lötstelle, löten Sie diese nach und das Gerät sollte wieder funktionieren.

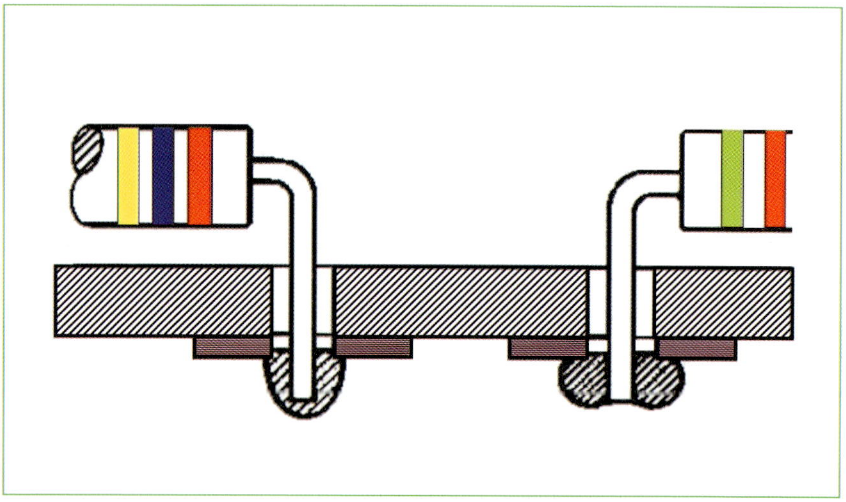

Abb. 5.1 – Kalte Lötstellen sind an der klumpigen oder breiigen Form des Lots erkennbar.

5.1 Schlechte Lötstellen erkennen und vermeiden

Zu schlechten Lötpunkten gehören neben Kalten Lötstellen auch Lötpunkte mit zu viel oder zu wenig Lot. Wenn man weiß, wie schlechte Lötstellen aussehen, und kennt man die unterschiedlichen Ursachen, lassen sie sich vermeiden.

Zu leistungsschwacher Lötkolben

Kalte Lötstellen treten meist auf, wenn man die Lötstelle mit einem zu leistungsschwachen Lötkolben nicht genügend erhitzt hat. Sie können bereits bei kleinsten Erschütterungen aufbrechen, für die bereits ein Wechselstrom in einer Schaltung verantwortlich zeichnen kann. Nach längerer Zeit kann sich das Bauteil komplett vom Lötpunkt lösen und nur noch frei beweglich in der Bohrung stecken. Bei schlechter elektrischer Verbindung können sogar kleine Lichtbögen auftreten, wenn größere Ströme fließen. Sie führen zu Verbrennungen im Bereich der Lötstelle, die an einer leichten Rußschicht zu erkennen sind. Dadurch verschlechtert sich der elektrische Kontakt weiter.

Kein Lot auf Lötspitze auftragen

Man sollte kein Lot an der Lötkolbenspitze schmelzen lassen und erst danach auf die Lötstelle auftragen. Das Flussmittel verflüchtigt sich, weil das Lötzinn zu lange erwärmt wird. Dadurch werden die Metalle, die zu löten sind, nicht heiß genug. Ein minderwertiger Lötpunkt als potenzielle Fehlerquelle ist die Folge.

Zu hohe Löttemperatur

Kalte Lötstellen können auch bei zu hoher Löttemperatur auftreten, weil die Metalle schneller oxidieren. Ein typisches Zeichen für eine zu hohe Löttemperatur sind sogenannte Whisker. Diese Lötrückstände ragen wie hauchdünne Zacken aus der Lötstelle heraus und können zu Kurzschlüssen führen. Körnige Oberflächen sind deshalb ein Zeichen für eine überhitzte Lötstelle oder zu langes Löten.

Alte Platinen

Vorsicht bei alten Platinen, auf denen sich eine Oxidschicht gebildet hat. Diese verhindert, dass man die Lötstelle mit ausreichend Lot benetzen kann. Deshalb alte Platinen reinigen bevor es ans Löten geht.

Zu wenig Lot auf Lötauge

Fehlt der kleine Lotkegel um den Bauteilanschluss oder ist er kaum ausgebildet, haben Sie einen weiteren Typ einer schlechten Lötstelle vor sich. Das Lötauge oder die Bohrung in der Platine ist nicht vollständig mit Lötzinn bedeckt. Das passiert, wenn Sie zu wenig Lot auftragen. Betriebsstörungen treten zwar nicht sofort,

Tipp

Achten Sie darauf, dass beim Abkühlen einer eben erst fertiggestellten Lötung der gesamte Bereich erschütterungsfrei bleibt. Weder die Platine noch die eben eingelöteten Bauteile berühren. Nur wenn Sie die Platine ruhig liegen oder im Feinmechanikerschraubstock eingespannt lassen, kann das Lot in Ruhe aushärten. So lassen sich Kalte Lötstellen einfach und sicher vermeiden.

5.1 Schlechte Lötstellen erkennen und vermeiden

aber wahrscheinlich mit der Zeit auf. Im Zweifel mit einer Lupe kontrollieren, nachlöten – fertig.

Zu viel Lötzinn auf Lötstelle
Trägt die Lötstelle zu viel Lot, sind die Lotkegel zum Teil deutlich größer, als sie sein sollten. Zum Entlöthdraht oder zur Entlötpumpe greifen und das überflüssige Lot entfernen. Kapitel 8 beschreibt, wie dabei vorzugehen ist. Zur Not eignet sich auch die gereinigte Lötkolbenspitze nach Kapitel 8.3.

Abb. 5.2 – Ein Lötpunkt mit zu wenig Lot.

Abb. 5.3 – Lötpunkte mit zu viel Lot.

6 Platine mit Bauteilen bestücken – so geht's

Bevor man einen Elektronikbausatz zusammenbastelt oder defekte Bauteile auswechselt, sollte man sich ausführlich mit den elektronischen Bauelementen beschäftigen. Dieses Kapitel erläutert deshalb die wichtigsten Bauteile einer Schaltung, wie man sie in der Basteltüte erkennt und richtig auf die Platine steckt – denn bei vielen ist neben der Einbaustelle auch die Einbaurichtung zu beachten. Wenn Sie sich diese Grundlagen in Ruhe durchlesen, steht dem erfolgreichen Zusammenbau eines Elektronikbausatzes nach Kapitel 7 nichts mehr im Wege. Dieses Kapitel ist außerdem eine Nachschlagemöglichkeit für Bastler, die sich schnell über einzelne Bauteile informieren möchten, um sie richtig einzulöten.

6.1 Keine Angst vor Maßeinheiten – mit Vorsatzzeichen sicher umgehen

Die Techniker nutzen Vorsatzzeichen, um Messwerte von Widerständen und anderen Bauteilen besser angeben zu können. Sie kommen um diese Angaben nicht umhin, wenn Sie eine elektronische Schaltung zusammenlöten möchten. Beispielsweise werden Kapazitäten für Kondensatoren nach Kapitel 6.7 meist in Nano- oder Pico-Farad angegeben. Ein Nanofarad ist ein Milliardstel Farad, ein Picofarad ist ein Billionstel Farad. Auch nach oben gibt es kaum eine Grenze. Widerstände nach Kapitel 6.3 mit mehreren Megaohm sind keine Seltenheit. Ein Megaohm entspricht einer Million Ohm. In allen Fällen sind die Werte meist zu groß oder zu klein, um allein mit der Grundmaßeinheit auszukommen. Die Tabelle informiert über alle Vorsatzzeichen, die es in der Elektrotechnik gibt.

Vorsatzzeichen bei Maßeinheiten		
Giga (G)	10^{9}	Faktor 1.000.000.000 (Milliarde)
Mega (M)	10^{6}	Faktor 1.000.000 (Million)
Kilo (k)	10^{3}	Faktor 1.000 (Tausend)
Milli (m)	10^{-3}	Faktor 0,001 (Tausendstel)
Mikro (µ)	10^{-6}	Faktor 0,000.001 (Millionstel)
Nano (n)	10^{-9}	Faktor 0,000.000.001 (Milliardstel)
Pico (p)	10^{-12}	Faktor 0,000.000.000.001 (Billionstel)

6.2 Die Platine – Bestückungsplan als wertvolle Einbauhilfe

Die Platine oder Leiterplatte ist das Trägermaterial einer elektronischen Schaltung und trägt auf ihrer Vorderseite den Bestückungsplan (Abb. 6.1). Dieser zeigt anhand technischer Symbole und Abkürzungen, wo und wie die einzelnen Bauteile einzustecken sind. Die Abkürzungen stehen für einzelne Bauteiltypen und sind international genormt (siehe Tabelle auf der folgenden Seite). So kennzeichnet etwa ein „R" einen Widerstand. Welches Bauteil wo einzubauen ist, geht aus der anschließenden Zahl hervor. Wollen Sie beispielsweise den Widerstand „R6" bestücken, müssen Sie ihn ausfindig machen. Welcher Widerstand im Bausatz ist „R6"? Bei dieser Suche hilft die Stückliste, die jeder Bausatz enthalten sollte (Abb. 6.2). Sie listet alle verwendeten Bauteile, deren Bezeichnung auf dem Bestückungs-

Abb. 6.1 – Die Platine eines Bausatzes. Auf die Vorderseite ist der Bestückungsplan aufgedruckt (linke Seite). Er verrät, wie die Bauteile einzustecken und anzulöten sind.

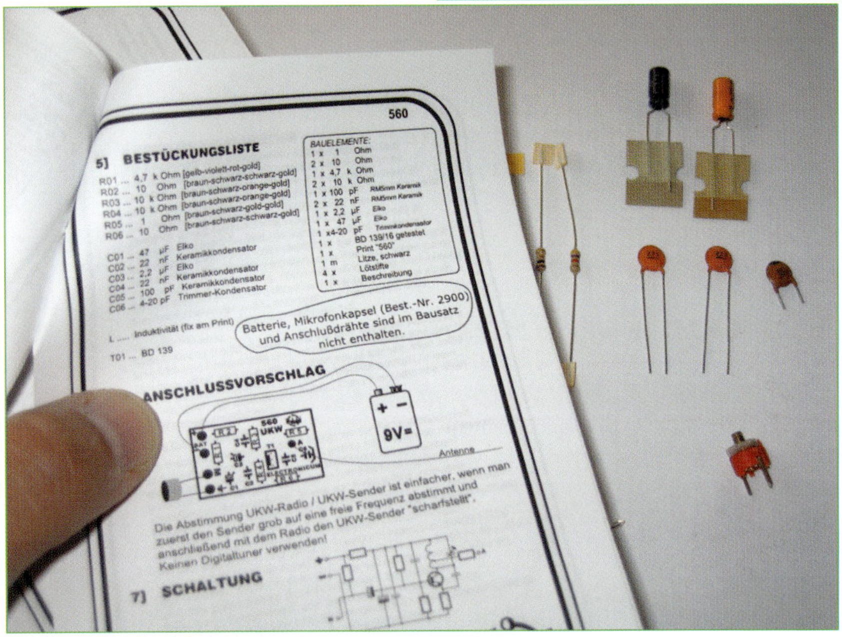

Abb. 6.2 – Anhand der Stückliste kann man das gesuchte Bauteil ausfindig machen.

6.2 Die Platine – Bestückungsplan als wertvolle Einbauhilfe

plan, zum Beispiel „R6", und informiert bei Widerständen auch über deren Farbringe. Nachdem Sie den Widerstand „R6" anhand der Farbringe identifiziert haben, setzen Sie ihn auf den Bestückungsplan am vorgesehenen Platz auf. Bei anderen Bauteilen ist ähnlich vorzugehen. Bei Spulen müssen Sie nach Kapitel 6.4 die Induktivität, bei Kondensatoren nach Kapitel 6.7 die Kapazität ermitteln, um die Bauteile auf der Platine an der richtigen Stelle einbauen zu können. Wie man nach dem Bestücken die einzelnen Bauelemente fachgerecht anlötet, erläutert Kapitel 7.2.

Die Rückseite
der Platine trägt Leiterbahnen und Lötpunkte, die um kleine Bohrungen herum angeordnet sind. Während die Leiterbahnen häufig mit einem Schutzlack überzogen sind, glänzen die Lötpunkte silbrig, weil sie verzinnt sind. Man spricht auch von Lötpads oder Lötaugen. An diese Punkte sind die Bauteile anzulöten. Bestücken Sie dazu die Platine auf der bedruckten Vorderseite wie beschrieben mit den Bauelementen.

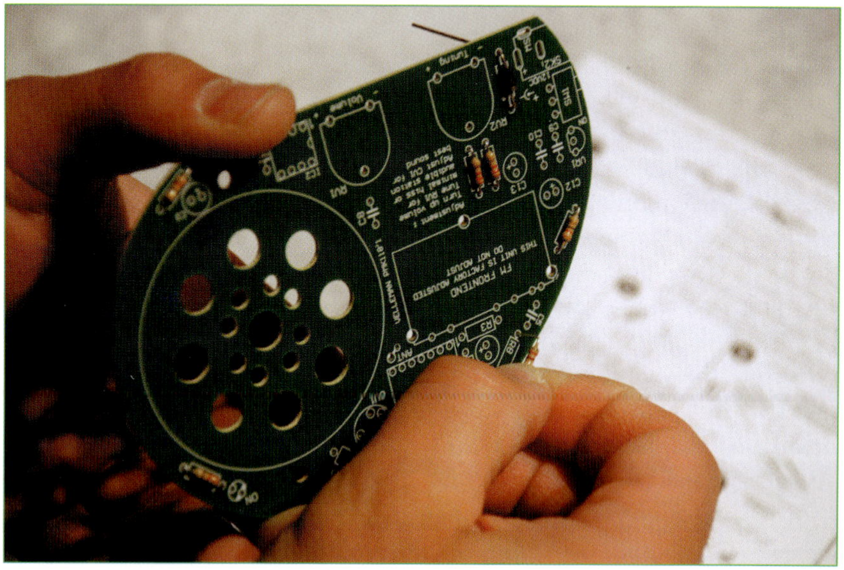

Abb. 6.3 – Beim Bestücken einer Platine auf die richtigen Stellen achten. Der Bestückungspan ist der Wegweiser.

Was bedeuten die Abkürzungen auf der Platine?

Komponente	Abkürzung
BAT	Batterieanschluss
C	Kondensator
D	Diode
IC	Integrierter Schaltpreis
LS	Lautsprecheranschluss
R	Widerstand
T	Transistor

6.3 Mit Widerständen beginnen

Widerstände sind als einfachstes Bauteil leicht zu handhaben. Man sollte sie deshalb zuerst auf die Platine stecken. Was beim späteren Anlöten zu beachten ist, erläutert Kapitel 7.2 unter der Überschrift *Widerstände*. Laut Faustformel sind immer die Bauteile zuerst zu verarbeiten, die unproblematisch sind. In eine elektronische Schaltung sind fast immer mehrere Widerstände einzubauen. Da der Strom durch sie in beide Richtungen fließt, ist es egal, wie man die Anschlussdrähte in die vorgesehenen Bohrungen auf der Platine steckt.

Ohmwert ermitteln kann beim Einbau helfen

Die Bauteile unterscheiden sich in den Widerstandswerten, die in Ohm (Ω) angegeben sind. Diese kann man ermitteln und schauen, ob diese Werte auch in der Stückliste für die betreffenden Bauteile angegeben sind – quasi eine Sicherheit, damit die spätere Schaltung auch tatsächlich funktioniert. Falls die Stückliste nur über die Widerstandswerte, nicht aber über die Farbringe der Widerstände informiert, müssen Sie die Ohmwerte ermitteln. Nur dann können Sie die Bauteile anhand der beigeordneten Zahl aus dem Bestückungsplan nach Kapitel 6.2 identifizieren und an der richtigen Stelle der Platine einbauen. Die Widerstandswerte lassen sich leicht mit einem Vielfachmessinstrument oder Multimeter messen. Einfach den Widerstandsmessbereich einstellen, die Messstrippen anlegen und den Ohmwert ablesen (Abb. 6.6). Wer kein Multimeter zur Hand hat, muss den aufgedruckten Farbcode entziffern, der aus vier Ringen besteht. Die ersten drei Ringe sind eng nebeneinander aufgedruckt. Die ersten beiden geben die Zahlenwerte, der dritte Ring einen Multiplikationsfaktor an. Angenommen, der Widerstand hat die

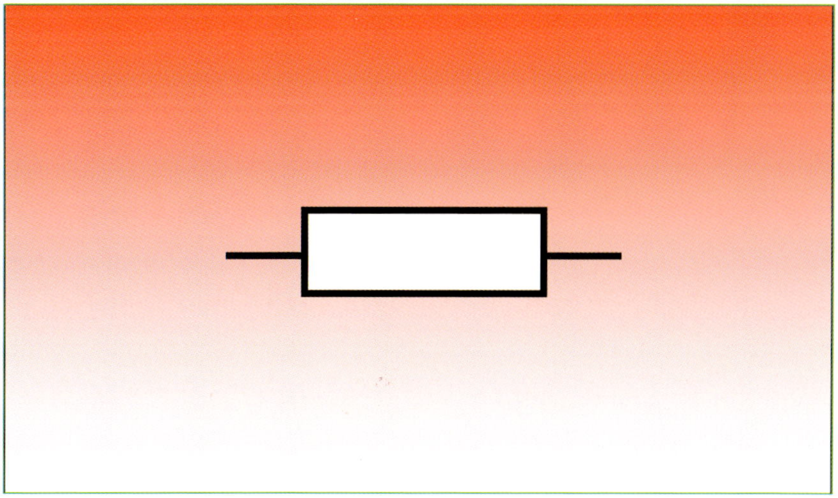

Abb. 6.4 – Widerstände sind in Schaltplänen und auf der Platine mit diesem Zeichen abgebildet.

6.3 Mit Widerständen beginnen

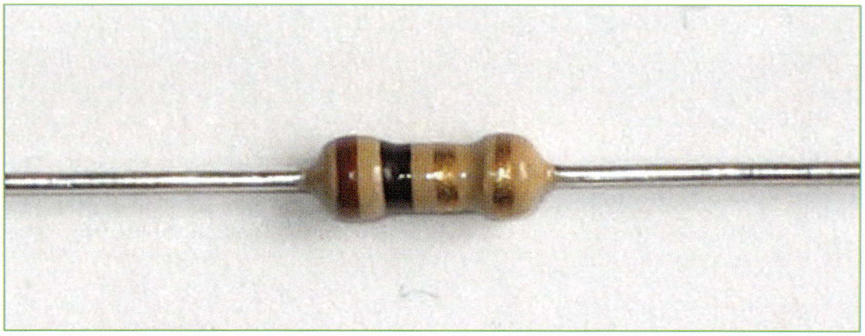

Abb. 6.5 – Ein typischer Widerstand. Der aufgedruckte Farbcode informiert über den Widerstandswert.

Farben gelb, violett und rot. Die Widerstandstabelle aus dem Anhang in Kapitel 17.2 erläutert, dass der linke gelbe Ring für „4", der violette für „7" steht. Daraus ergibt sich der Zahlenwert „47". Der dritte Ring in Rot steht für den Multiplikationsfaktor „100". Sie müssen danach 47 mit 100 multiplizieren, ergibt 4.700 Ω. Da sich das nicht so schön liest, sprechen Techniker auch von 4,7 Kiloohm (kΩ). Kilo ist ein Vorsatzzeichen vor der Maßeinheit Ohm und steht für 10^3 (vgl. Kapitel 6.1). Die Rechenprobe: $4{,}7 \times 10^3 = 4.700\ \Omega$. Der vierte Ring auf dem Widerstand gibt die Fertigungstoleranz an. Ein goldener Ring steht für 5 Prozent, ein Silberring für 10 Prozent Abweichung vom errechneten Widerstandswert. Meist wird Ihnen der goldene Ring begegnen. Der beschriebene Widerstand hat damit einen tatsächlichen Wert, der zwischen 4,5 kΩ bis 5 kΩ liegt.

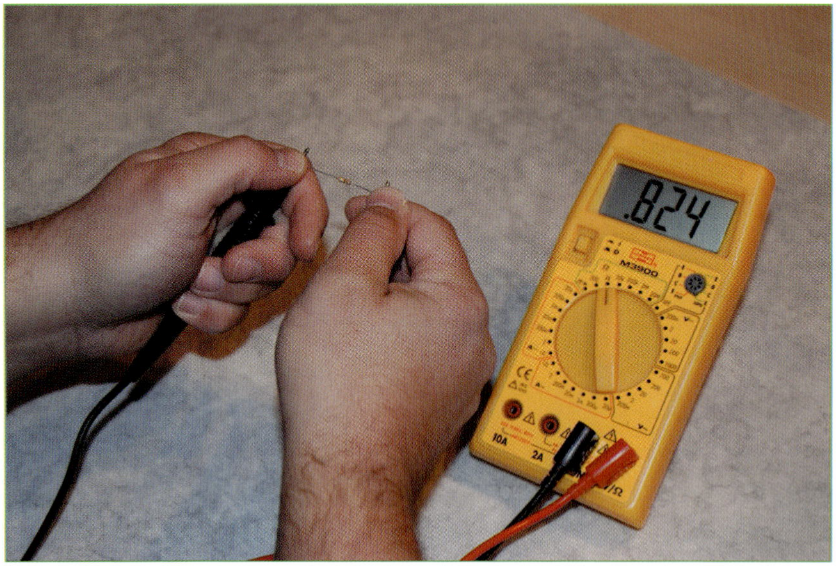

Abb. 6.6 – Mit einem Multimeter lassen sich die Widerstandswerte schnell und genau messen.

6.4 Spulen

Spulen oder sogenannte Induktivitäten werden in der Einheit Henry (H) gemessen. Meist hat man es mit Induktivitäten im Mikrohenrybereich (µH) zu tun. Spulen sind nicht immer leicht zu erkennen, weil sie oft so ähnlich wie Widerstände aussehen. Sie sind allerdings mitunter etwas größer und, für Widerstände ungewohnt, in Grün eingefärbt (Abb. 6.8). Um die Induktivität einer Spule zu ermitteln, eignet sich wie bei Widerständen der aufgetragene Farbcode. Die Werte sind im Anhang im Kapitel 17.3 der Tabelle zu entnehmen. Ist die Induktivität bestimmt, wählen Sie anhand der Stückliste die richtige Spule aus, und stecken sie laut Bestückungsplan nach Kapitel 6.2 ein und löten sie fest.

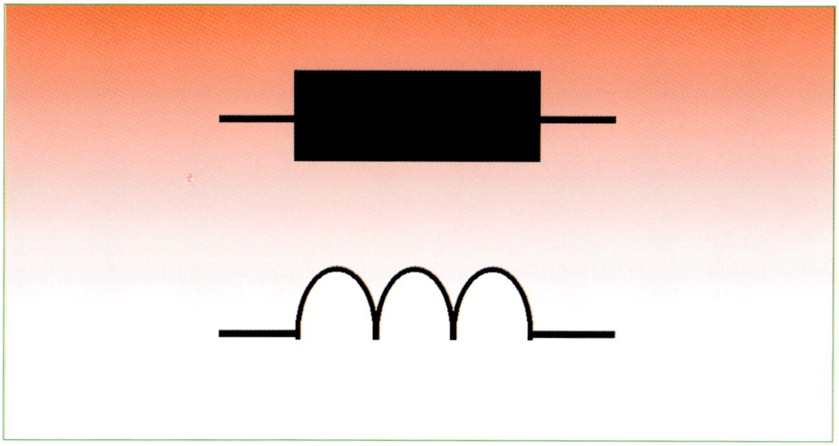

Abb. 6.7 – Schaltzeichen für Spulen. Je nach Schaltplan ist das eine oder das andere Zeichen eingetragen.

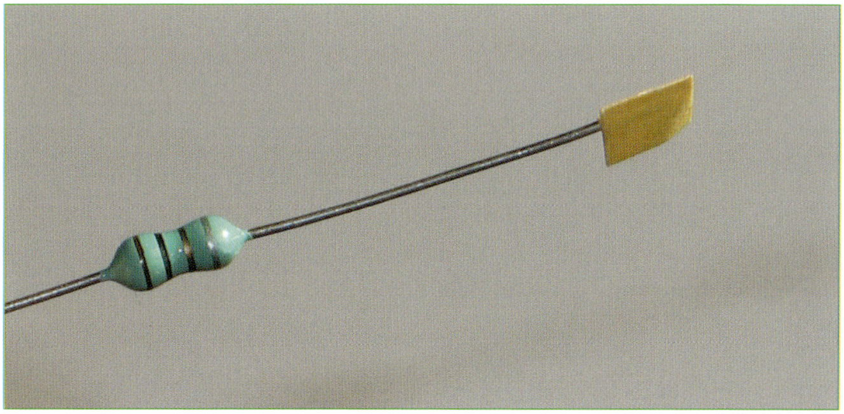

Abb. 6.8 – Sieht zwar wie ein Widerstand aus, ist aber eine Spule, zu erkennen an der grünen Farbe.

6.5 Dioden

Dioden haben einen Plus- und einen Minus-Pol, so dass sie den Strom nur in eine Richtung passieren lassen. Beim Minuspol spricht man auch von der Kathode, die auf dem Gehäuse der Diode und im Schaltbild an einem Strich zu erkennen ist (Abb. 6.9 und Abb. 6.10). Auf der Platine verrät sie ein dicker ausgefüllter Strich. Der Pluspol heißt Anode und ist auf der Leiterplatte durch einen dicken, nicht ausgefüllten Strich gekennzeichnet. Zusätzlich kann ein kleines Pluszeichen aufgedruckt sein. Stecken Sie dieses Bauteil mit der richtigen Polarität auf die Platine (Abb. 6.12). Die meisten, in Elektronikbausätzen verwendeten Dioden sind sehr klein. Sie brauchen deshalb eventuell eine Lupe, um die Beschriftung zu entziffern.

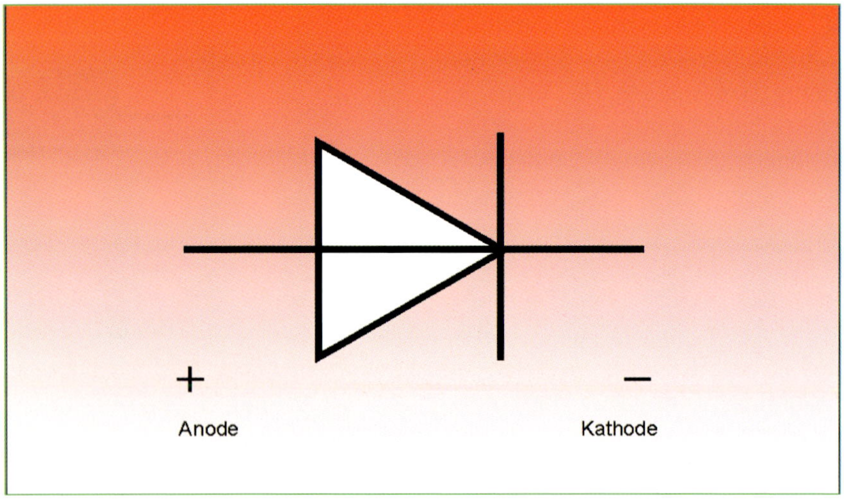

Abb. 6.9 – Schaltzeichen einer Diode.

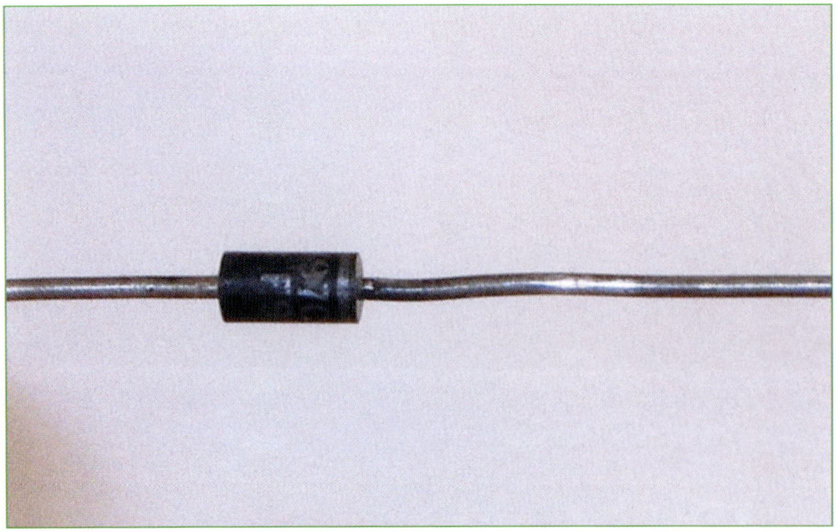

Abb. 6.10 – Man erkennt den Minuspol oder die Kathode auf dem Gehäuse der Diode am aufgedruckten Ring (rechte Seite).

Die Einsteckrichtung der Diode können Sie auch mit einem Multimeter ermitteln. Der sogenannte Durchgangstest ist bei älteren Dioden erforderlich, bei denen der Kathodenring kaum noch sichtbar ist. Stellen Sie dazu den Drehschalter des Vielfachmessgeräts auf das Diodenzeichen oder den kleinsten Widerstandsmessbereich. Durch die

6.5 Dioden

Diode wird nur Strom fließen und damit ihr Innenwiderstand messbar sein, wenn die rote Messstrippe an der Anode und die schwarze Messstrippe an der Kathode anliegen.

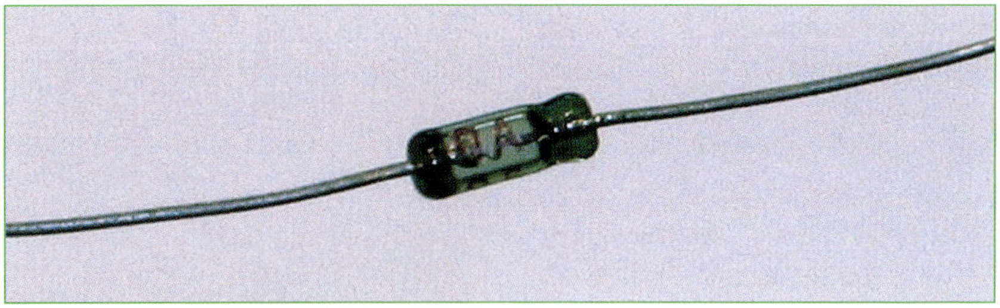

Abb. 6.11 – Auch das ist eine Diode. Statt des aufgedruckten Rings informiert eine Einkerbung darüber, welche Seite die Kathode ist.

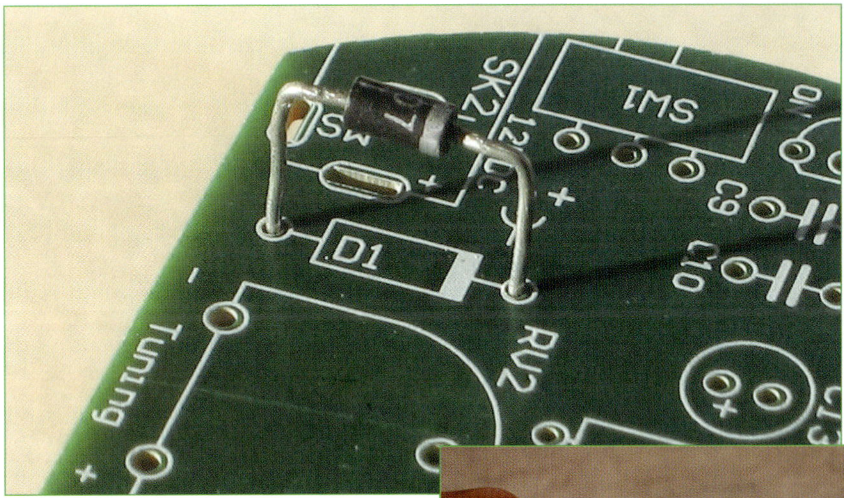

Abb. 6.12 – Diese Diode ist richtig auf die Platine gesteckt. Der dicke Strich im Schaltzeichen auf der Platine stimmt mit dem Ring der Diode überein. Beides symbolisiert den Minuspol.

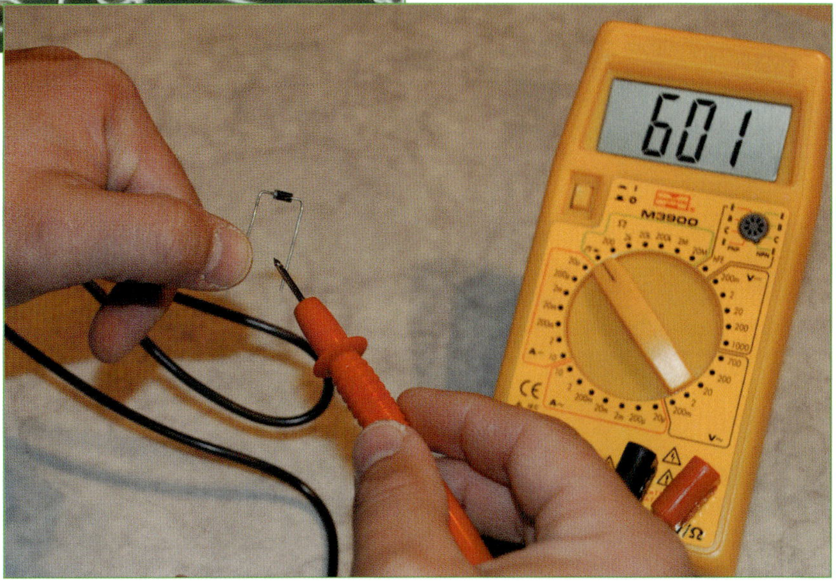

Abb. 6.13 – Das Multimeter zeigt den Innenwiderstand der Diode an. Damit sind Anode und Kathode sicher ermittelt.

6.6 Leuchtdioden

Leuchtdioden werden in Elektronikbausätzen beispielsweise als Signallämpchen verwendet. Wie übliche Dioden lassen sie den Strom nur in eine Richtung passieren. Beim Bestücken dieser Bauteile ist deshalb wieder auf die richtige Polarität zu achten. Kathode und Anode sind bei einer LED an den Anschlussdrähten erkennbar: Der kürzere kennzeichnet die Kathode, also den Minuspol. Auf der Platine ist der Einbauort mit einem Kreis beschriftet, der an einer Seite abgeschnitten ist und dort einen dicken Strich trägt (Abb. 6.15). Diese Seite ist die Kathode. Um die LED auf die Platine zu löten, stecken Sie den kürzeren Drahtanschluss durch die Bohrung im Bereich dieses Strichs.

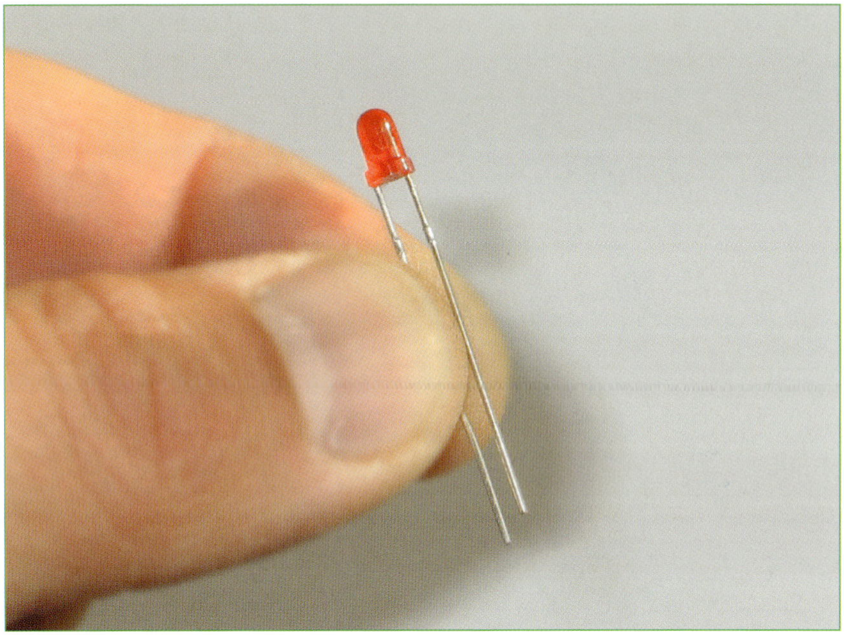

Abb. 6.14 – Leuchtdioden haben verschieden lange Drahtanschlüsse, der kürzere ist der Minuspol.

Abb. 6.15 – Damit Sie wissen, wie die Leuchtdiode in die Schaltung einzubauen ist, ist die Kathode auf der Platine durch einen fetten Strich gekennzeichnet.

6.7 Kondensatoren

Kondensatoren speichern elektrische Energie. Dieses Speichervermögen bezeichnen Techniker als Kapazität, die in Farad (F) angegeben ist. Man unterscheidet ungepolte und gepolte Kondensatoren sowie Drehkondensatoren oder Drehkos. Diese Bauteile sind mit Ausnahme der axialen Modelle stehend in die Platinenbohrungen zu stecken. Bei axialen Kondensatoren verlassen die Anschlussdrähte das Bauteil auf beiden Seiten in verschiedene Richtungen. Bei der radialen Bauweise führen dagegen die beiden Anschlussdrähte nach unten (Abb. 6.16). Kapitel 7.2 informiert unter der Überschrift *Kondensatoren* übers fachgerechte Anlöten, wenn Sie die Bauteile bestückt haben.

Am einfachsten sind ungepolte Folienkondensatoren zu handhaben. Man erkennt sie an gleich langen Anschlussdrähten. Bei ihnen ist es egal, in welche Richtung man sie auf die Platine steckt (Abb. 6.17).

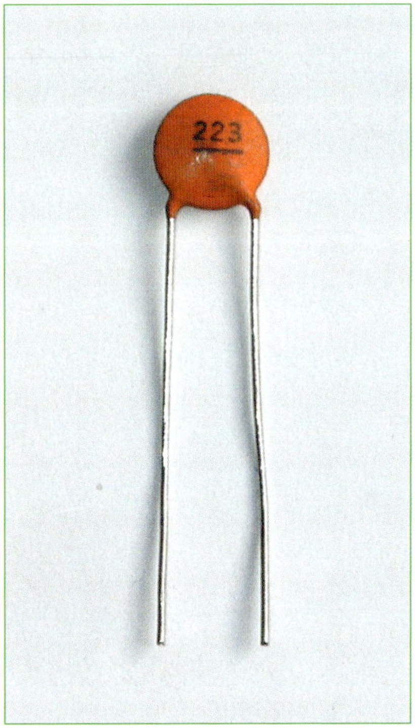

Abb. 6.16 – Ungepolte Kondensatoren haben gleich lange Anschlussdrähte.

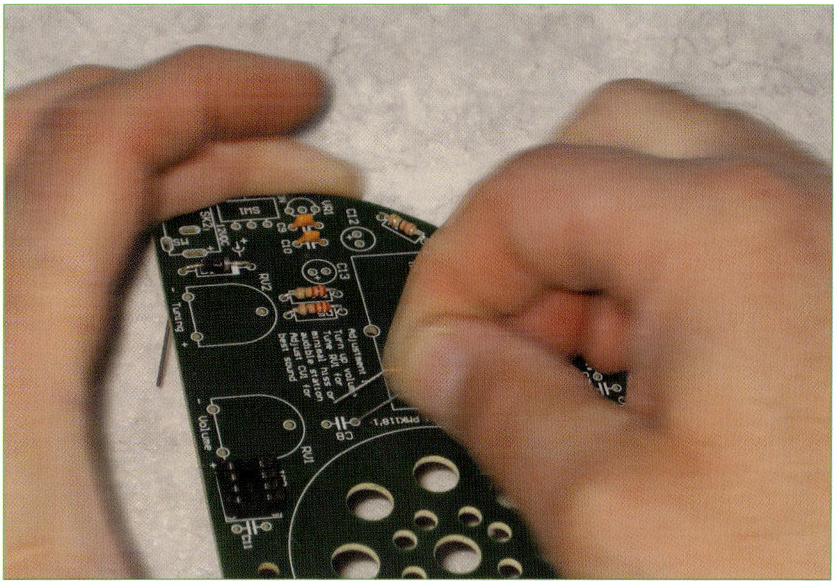

Abb. 6.17 – Wie herum Sie den ungepolten Folienkondensator auf die Platine stecken, ist egal. Das Schaltzeichen auf der Platine trägt weder einen Plus- noch einen Minus-Pol.

6.7 Kondensatoren

Auch Drehkondensatoren sind ungepolt und in der Kapazität in einem bestimmten Bereich frei einstellbar (Abb. 6.18).

Bei Elektrolytkondensatoren auf richtige Polung achten

Elektrolytkondensatoren oder Elkos haben wie Dioden einen Plus- und Minus-Pol und besitzen eine runde zylindrische Bauform. Der längere Anschlussdraht ist der Pluspol (+). Er ist auf der Platine im aufgedruckten Schaltzeichen am Pluszeichen erkennbar. Deshalb ist beim Bestücken auf die richtige Polarität zu achten (Abb. 6.21). Waren Elkos dagegen schon einmal eingelötet, sind ihre Anschlüsse gekürzt, so dass man die Polung am Gehäuse ablesen muss. Meist ist sie dort aufgedruckt, allerdings unterschiedlich: je nach Fabrikat der Plus- oder der Minus-Pol. Bei axialen Kondensatoren müssen Sie nach einer kleinen Kerbe suchen, die den Pluspol kennzeichnet.

Abb. 6.18 – Drehkondensatoren sehen unterschiedlich aus.

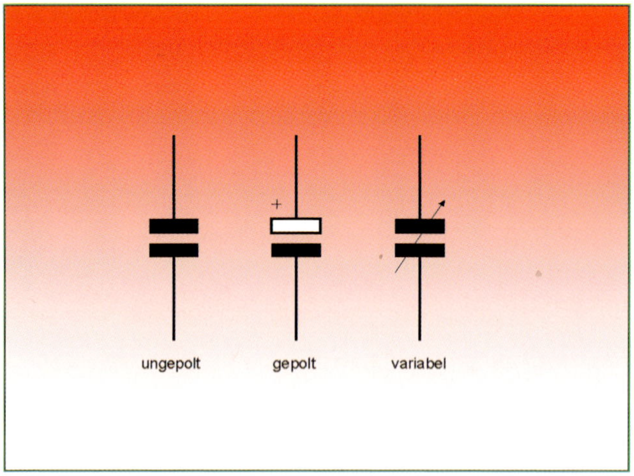

Abb. 6.19 – Schaltzeichen für ungepolten und gepolten Kondensator sowie Drehkondensator mit variabler Kapazität.

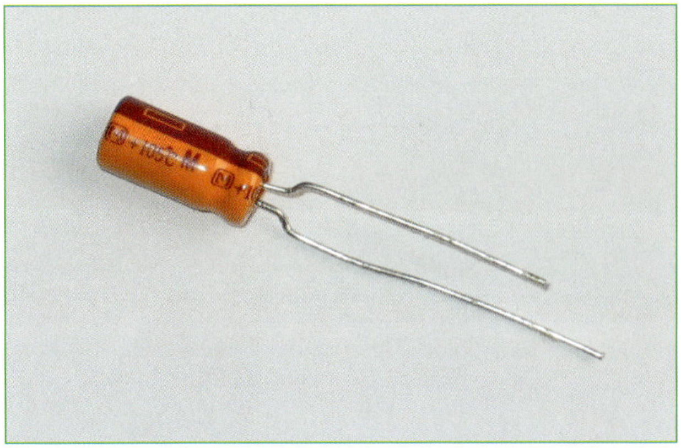

Abb. 6.20 – Beim Elko sind der Plus- und der Minus-Pol an verschieden langen Anschlussdrähten erkennbar, der kürzere ist der Minuspol. Das Gehäuse dieses Modells informiert mit einem Pluszeichen zusätzlich über den Pluspol.

Vorsicht bei Kondensatoren in elektrischen Geräten

Bei Kondensatoren sollte man in elektrischen und elektronischen Geräten vorsichtig sein, weil sie die gespeicherte elektrische Energie beim ausgeschalteten Gerät nur langsam abbauen – selbst dann, wenn Sie den Netzstecker aus der Steckdose ziehen. Der Kondensator braucht dazu umso länger, je größer seine Kapazität ist. Man spricht auch von der Selbstentladezeit, die bis zu mehrere Stunden dauern kann. Die in größeren Kondensatoren gespeicherte elektrische Spannung kann zu Unfällen und dabei im schlimmsten Fall zum Tod führen! Deshalb vorbeugen und an diesen Bauteilen nicht sofort mit dem Basteln beginnen, nachdem Sie den Gerätestecker aus der Steckdose gezogen haben. Tipp: Wenn Sie beide Drahtanschlüsse des Kondensators mit den Backen einer isolierten Zange berühren, entlädt sich der Kondensator innerhalb weniger Sekunden.

Kapazität ermitteln hilft beim Einbau

Gehören Sie zu den Anfängern unter den Elektronikbastlern, wird es Ihnen wahrscheinlich schwerfallen, die Kapazität eines Kondensators festzustellen. Das ist allerdings erforderlich, um die Bauteile mit Hilfe der Stückliste zu identifizieren und danach laut Bestückungsplan nach Kapitel 6.2 auf die Platine stecken zu können. Hält man einen Kondensator in der Hand, ist seine Kapazität laut Gehäuse manchmal nur schwer zu bestimmen. Deshalb zuerst einen Blick in die Bauanleitung werfen, die über Beschriftung und Messwerte informiert.

Wer sich ans Entschlüsseln der aufgedruckten Gehäuseangaben machen will, sollte etwas Geduld mitbringen, weil das Ganze ein Buch mit sieben Siegeln ist. Am einfachsten gelingt das bei Elektrolytkondensatoren, bei denen man beim Einbau auch auf die richtige Polung achten muss. Auf dem Gehäuse ist nicht nur die Kapazität angegeben, sondern auch die elektrische Spannung, die der Elko vertragen kann. Der Aufdruck „1000µF 16V" nach Abb. 6.22 verrät beispielsweise, dass dieser Kondensator eine Kapazität von 1000 µF besitzt. Sie dürfen ihn außerdem nur an Stellen einbauen, an denen eine maximale elektrische Spannung von 16 Volt anliegt. Ist die Betriebsspannung dagegen

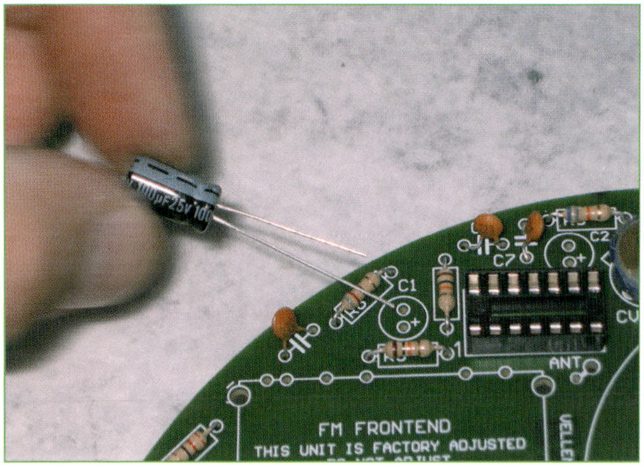

Abb. 6.21 – Bei Elektrolytkondensatoren ist auf die richtige Polung zu achten. Das Pluszeichen im aufgedruckten Schaltzeichen der Platine bringt Gewissheit.

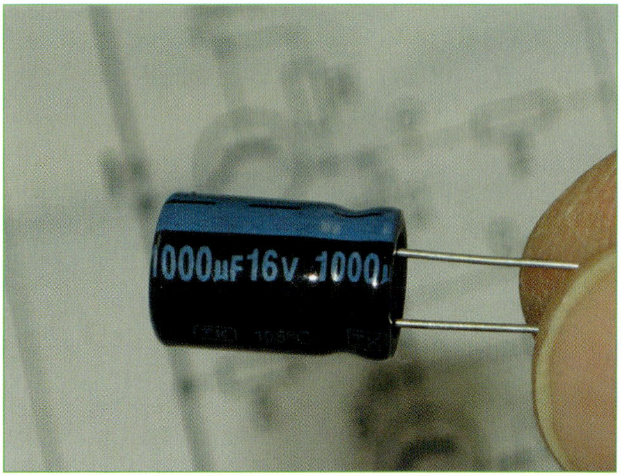

Abb. 6.22 – Das Gehäuse des Elkos informiert über die Kapazität und die erlaubte maximale Betriebsspannung.

6.7 Kondensatoren

höher, wird der Kondensator zerstört! Deshalb auch darauf achten, für welche Spannung dieses Bauteil ausgelegt ist.

Auf ungepolten Kondensatoren ist die Kapazität nicht selten mit einem Zahlencode ohne Maßeinheit aufgedruckt. Die ersten beiden Zahlen geben den Kapazitätswert in Pikofarad an. Lesen Sie beispielsweise „3.3“, verrät der zweistellige Code eine Kapazität von 3,3 pF. Der Dezimalpunkt kann auch vor der ersten Zahl stehen, wodurch sich auch die Maßeinheit ändern kann. Ist „.22“ zu lesen, haben Sie beispielsweise einen Kondensator mit einer Kapazität von 0,22 Mikrofarad (µF) oder 220 Nanofarad (nF) vor sich. Ist dagegen „223“ auf das Gehäuse aufgedruckt, informieren die beiden ersten Zahlen wieder über die Kapazität in Picofarad, in diesem Fall 22 pF. Die dritte Ziffer gibt über mehrere Nullen einen Faktor an, mit dem man die 22 pF multiplizieren muss, um die tatsächliche Kapazität zu erhalten. Die Zahl „3“ auf dem Gehäuse steht für drei Nullen oder 10^3 und damit für den Faktor 1.000. Dieser Kondensator hat danach eine Kapazität von 22 x 1.000 = 22.000 pF oder 22 nF (Nanofarad). Bei Keramikkondensatoren können Einheit und Dezimalpunkt fehlen. Auch bei ihnen ist die Kapazität in Picofarad angegeben.

Statt eines Dezimalpunkts kann zum Zahlencode auch ein Buchstabe gehören. Der Buchstabe „n“ erfüllt dabei eine doppelte Funktion, weil er nicht nur die Kommastelle, sondern auch die Maßeinheit Nanofarad angibt. Beispielsweise steht die Angabe 2n2 für 2,2 nF. Ist zwischen den Kapazitätswerten ein weiterer Buchstabe versteckt, hat man es mit einem Code für die Toleranz zu tun. Diese gibt an, wie weit der angegebene Kapazitätswert vom tatsächlichen abweichen kann. Die Tabelle 4 informiert im Anhang in Kapitel 17.4 über Kennbuchstaben und Toleranzwerte.

Auf Kondensatoren kann statt einer Beschriftung auch ein Farbcode über Kapazität und Spannungsfestigkeit Auskunft geben. Die Tabellen 1 bis 3 erläutern im Anhang in Kapitel 17.4 diese vier- oder fünfstelligen Codes.

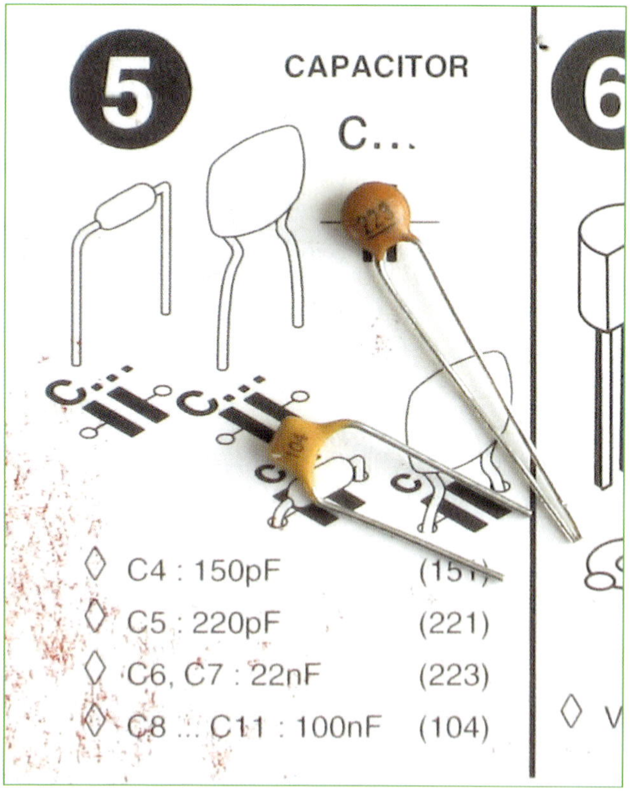

Abb. 6.23 – Die Bauanleitung informiert über Beschriftung und Messwerte der Kondensatoren.

6.8 Transistoren

Transistoren verstärken in einer elektronischen Schaltung Ströme und Spannungen. Sie haben mit Basis (B), Kollektor (C) und Emitter (E) drei Anschlüsse. Deshalb ist wie bei Dioden oder Elektrolytkondensatoren auf den richtigen Einbau zu achten. Kleine Transistoren haben meist ein zylindrisches Gehäuse und sind nach rund einem Drittel abgeflacht (Abb. 6.24). Die Anschlüsse sind in der korrekten Position, wenn Sie das Bauteil laut Platinenaufdruck aufstecken. Dabei muss die abgeflachte Seite des Transistors zur geraden Seite des Platinenaufdrucks zeigen (Abb. 6.25). Wie beim Anlöten fachgerecht vorzugehen ist, erläutert Kapitel 7.2 unter der Überschrift *Transistoren*.

Kleinere Leistungstransistoren sind am flachen, etwas quadratischen Gehäuse mit einem Loch in der Mitte erkennbar (Abb. 6.26). Damit können Sie das Bauteil an einem Kühlblech festschrauben und so vor Überhitzung schützen. Auf der Platine sind solche Transistoren durch ein Rechteck mit einem dicken Balken auf einer Längsseite gekennzeichnet. Sie müssen den Transistor so in die Bohrungen stecken, dass seine Beschriftung zum fetten Balken des Platinenaufdrucks zeigt (Abb. 6.26).

Größere Leistungstransistoren besitzen ein rundes Metallgehäuse, das Sie direkt in einen Kühlkörper schieben können. So wird die Wärme besser an die Umgebungsluft abgegeben. Das Metallgehäuse hat an einer Seite eine kleine „Nase", die den Emitter anzeigt und auch auf der Platine aufgedruckt sein kann (Abb. 6.27). Damit wissen Sie sofort, wie man den Transistor richtig auf die Platine steckt.

Abb. 6.24 – Kleine Transistoren haben eine abgeflachte Seite.

Abb. 6.25 – Auf der Platine eines Bausatzes ist genau aufgezeichnet, wie die Kleintransistoren einzustecken sind.

6.8 Transistoren

Abb. 6.26 – Dieser Leistungstransistor ist richtig auf die Platine gesteckt.

Abb. 6.27 – Dieser größere Leistungstransistor steckt richtig in der Platine: Seine linke vordere „Nase" stimmt mit der „Nase" im aufgedruckten Schaltzeichen überein.

Abb. 6.28 und Abb. 6.29 – Zur besseren Wärmeabfuhr lassen sich größere Leistungstransistoren in einen Kühlkörper schieben.

6.9 ICs oder integrierte Schaltungen

ICs oder integrierte Schaltungen sind empfindliche Bauteile, bei denen Sie besonders auf korrekten Einbau und die richtige Polung achten müssen. Da einige ICs bereits durch statische Aufladungen zerstört werden können, sollte man sie nur am Gehäuse anfassen, ohne die Anschlussbeinchen zu berühren – es sei denn, Sie besitzen eine Lötstation mit einer Potenzialausgleichsbuchse. Kapitel 7.3 erläutert, wie damit umzugehen ist.

Am einfachsten sind ICs mit einem sogenannten IC-Sockel auf die Platine zu bauen (Abb. 6.31), da Sie die integrierte Schaltung einfach aufstecken können – und das hat Vorteile: Die Löthitze kann den IC-Fassungen nichts anhaben, und das IC lässt sich jederzeit ohne Lötkolben bequem wieder herausziehen. Haben Sie einen IC-Sockel eingelötet, dürfen Sie das Bauteil nur aufstecken oder herausziehen, wenn die Schaltung spannungslos ist! Außerdem sind die Kennzeichnungen am Sockel und am IC zu beachten, um das Bauteil richtig aufzusetzen. Meist ist eine Kerbe erkennbar. Beim Ausbauen ist der IC mit einem kleinen Schraubenzieher etwas vom Sockel abzuheben (Abb. 6.32), um das Bauteil am Gehäuse leichter herausziehen zu können. Pinzetten können die Arbeit erleichtern. Wollen Sie dagegen den IC direkt in die Platine einbauen,

Abb. 6.31 – Ein IC-Sockel.

Abb. 6.30 – Mit ICs sollte man behutsam umgehen und die Anschlüsse nicht mit bloßen Fingern anfassen.

Abb. 6.32 – Am einfachsten können Sie einen IC mit einem kleinen Schraubenzieher vom Sockel abheben.

6.9 ICs oder integrierte Schaltungen

ist vorsichtiges Löten angesagt. Kapitel 7.2 gibt unter der Überschrift *Integrierte Schaltungen* Tipps.

Einbaurichtung sicher erkennen

ICs und IC-Fassungen haben eine festgelegte Einbaurichtung, die an einem Punkt oder einer Kerbe am IC und am IC-Sockel zu erkennen ist. Punkt oder Kerbe symbolisieren den ersten IC-Anschluss oder Pin 1. Auf der Bestückungsseite der Platine ist dieser Pin 1 meist mit einer „1" und einem kleinen Halbkreis am Schaltzeichen gekennzeichnet (Abb. 6.33 und Abb. 6.35). Damit steht einem korrekten Einbau nichts mehr im Wege.

Abb. 6.34 – Eine Kerbe oder ein Punkt informiert bei allen ICs darüber, in welcher Richtung das Bauteil auf die Platine zu löten ist.

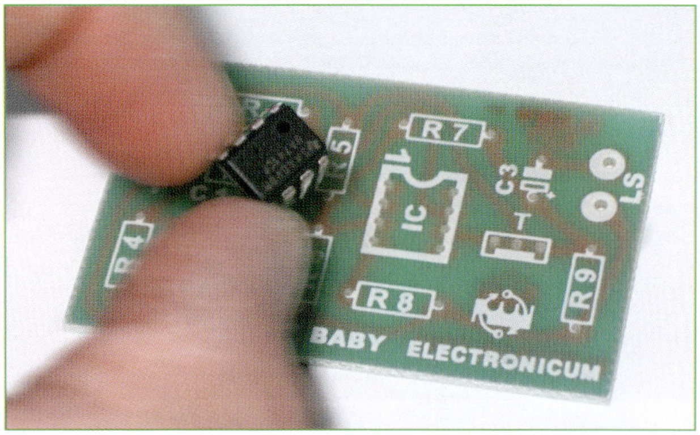

Abb. 6.33 – An diesem IC ist links oben ist ein Punkt zu erkennen, der den Pin 1 markiert. Da auf der Platine am IC-Schaltzeichen eine „1" aufgedruckt ist, ist das richtige Bestücken ein Kinderspiel.

Abb. 6.35 – Die kleine Kerbe an der rechten Seite dieses IC-Sockels kennzeichnet den Pin 1. Das IC-Schaltzeichen auf der Platine verrät mit einem kleinen Halbkreis und oberhalb des Bauteils mit einer „1" die korrekte Einsteckrichtung.

7 Elektronikbausatz erfolgreich zusammenlöten

Im vergangenen Kapitel haben Sie die wichtigsten elektronischen Bauteile kennengelernt und erfahren, wie sie zu handhaben und korrekt auf die Platine zu stecken sind. Damit ist der Weg frei, um einen kompletten Elektronikbausatz erfolgreich zusammenzubasteln. Nicht wenige Anbieter packen dem Bausatz außerdem ausführliche Informationen zu den verwendeten

7 Elektronikbausatz erfolgreich zusammenlöten

Bauelementen bei, damit auch der interessierte Laie sie erfolgreich zusammenlöten kann. Detaillierte Funktionsbeschreibungen und der Schaltplan runden die Informationen ab. Sie können Hinweise finden, wie Sie Dioden richtig einlöten oder einen Transistor richtig auf die Platine setzen. Wenn Sie eine Schaltung unterschiedlich zusammenbauen können, klärt der Beipackzettel auch darüber auf. Manche Schaltungen muss der Anwender bei der ersten Inbetriebnahme abgleichen, zum Beispiel einen regelbaren Widerstand einstellen. Auch darüber informiert die mitgelieferte Dokumentation.

Abb. 7.1 – Auswahl an Bausätzen.

7.1 Stückliste überprüfen

Nachdem Sie die Tüte des Bausatzes geöffnet haben, sortieren Sie am besten zuerst alle gleich aussehenden Bauteile. Jeder Bausatz sollte eine Stückliste enthalten, die alle verwendeten Bauteile listet. Mit ihrer Hilfe überprüfen, ob die Bauelemente tatsächlich vollständig sind.

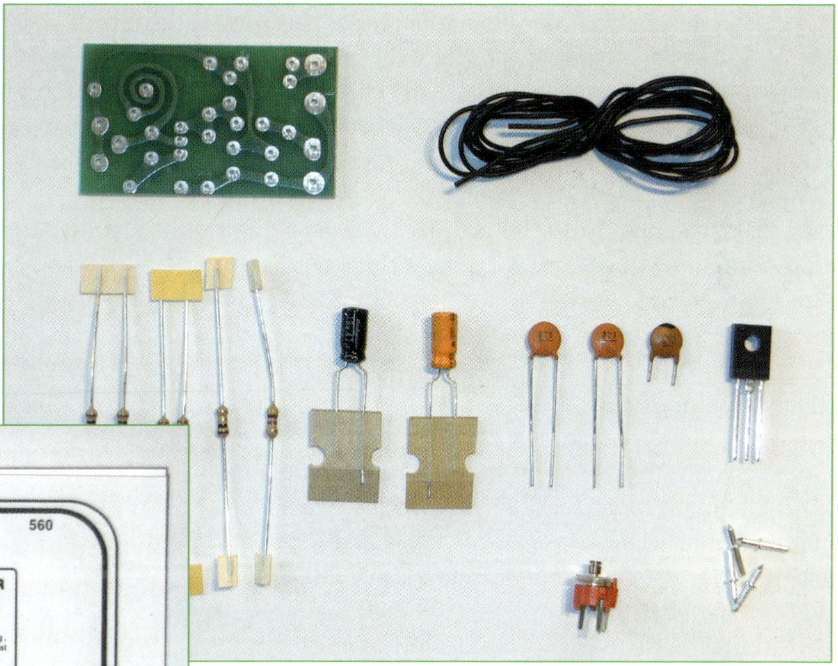

Abb. 7.2 – Komponenten eines Bausatzes.

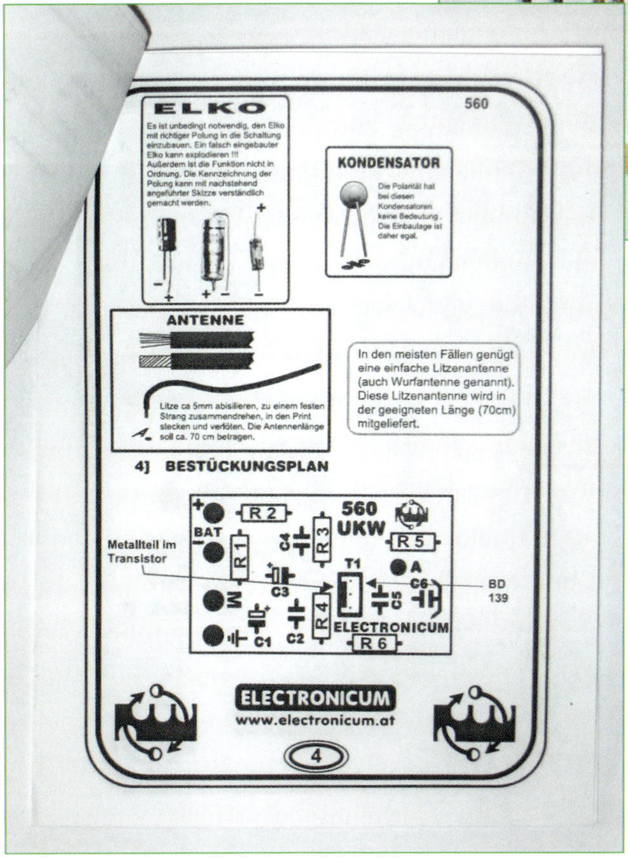

Abb. 7.3 – Die mitgelieferte Dokumentation informiert über verwendete Bauteile und den Bestückungsplan für die Platine.

7.2 Bauteile vorbereiten und fachgerecht einlöten

Wenn Sie die Bauteile nach Kapitel 6 anhand der Stückliste und des Bestückungsplans identifiziert und richtig in die Platine gesteckt haben, kann es ans fachgerechte Löten gehen. Man sollte zunächst alle Bauteile eines bestimmten Typs, zum Beispiel Widerstände, in die vorgesehenen Bohrungen stecken und sie danach in einem Arbeitsschritt anlöten. Das spart Zeit und Arbeit, als wenn Sie jedes Bauteil einzeln bestücken und löten. Mit den Widerständen beginnen Sie, weil sie besonders einfach zu handhaben sind.

Widerstände

Zunächst ermitteln Sie mit einer Lehre oder durch Schätzen den Abstand der beiden Bohrungen für jeden einzulötenden Widerstand auf der Platine. Damit das problemlos klappt, legen Sie die Bauteile an die Einbauorte (Abb. 7.4). Beginnen Sie mit dem ersten Widerstand, der im Bestückungsplan und in der Stückliste mit „R1" beschriftet ist. Haben Sie den erforderlichen Abstand für die Anschlussdrähte ermittelt, umbiegen Sie beide mit einer Elektronikerflachzange nach Kapitel 2.2 vorsichtig im rechten Winkel (Abb. 7.5 und Abb. 7.6). Danach stecken Sie beide Drahtanschlüsse in die vorgesehenen Bohrungen der Platine. Nicht nur die Anschlussdrähte müssen stimmen, sondern auch der

Abb. 7.4 – Legt man den einzulötenden Widerstand an den Einbauort, kann man den Abstand zwischen den Bohrungen abschätzen und so die Anschlussdrähte später genau zurechtbiegen.

Abb. 7.6 – Leicht gebogene Anschlussdrähte sorgen dafür, dass sich dieser Widerstand problemlos einlöten lässt.

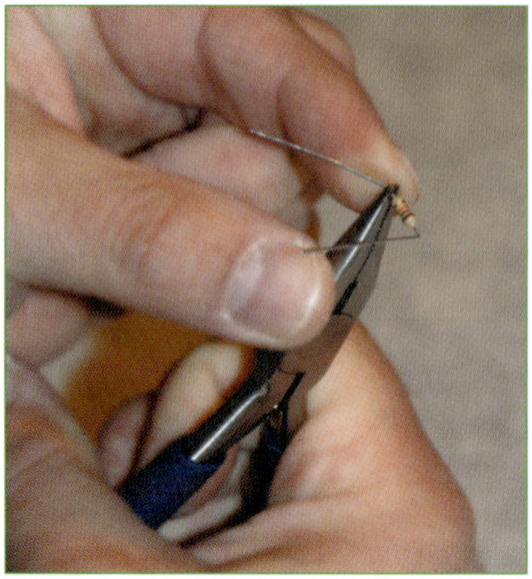

Abb. 7.5 – Beide Enden des Widerstands im ermittelten Abstand mit einer Flachzange vorsichtig rechtwinkelig zurechtbiegen.

Abstand der Bauteile zur Platine, der rund 0,5 mm bis 1 mm betragen sollte (Abb. 7.8). Die Bauteile dürfen die Leiterplatte nicht berühren, damit Wärme durch den späteren Betrieb der Schaltung ungehindert entweichen kann. Eine Ausnahme sind Schaltungen mit sehr geringem Energieverbrauch, in denen die Bauteile nicht warm werden können. Als Abstandshalter zur Platine kommt ein schmaler Streifen Karton oder dickes Papier infrage, das man zwischen die beiden Anschlüsse der Bauteile schiebt. Nach dem Einlöten den Abstandshalter wegziehen und für die nächste Lötung verwenden.

Damit die eingesteckten Bauteile ihre Position behalten, können Sie die Anschlussdrähte etwas nach innen oder außen biegen. Das schützt, vor Herausfallen oder Verrutschen und erleichtert das Löten erheblich. Verschiedene Bauanleitungen empfehlen, die Anschlussdrähte auf der Rückseite der Platine um bis zu 45 Grad zu verbiegen. Davon ist allerdings abzuraten, weil sich zu stark umgebogene Anschlüsse später nur schwer wieder auslöten lassen.

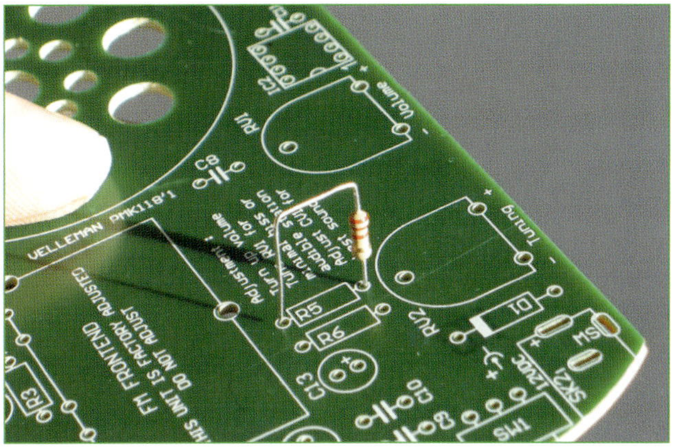

Abb. 7.7 – So sollte man einen Widerstand oder ein anderes Bauteil nicht auf die Platine löten.

Abb. 7.8 – Ein fachgerecht eingebauter Widerstand.

Abb. 7.9 – Nachdem Sie alle Widerstände laut Bestückungsplan eingesteckt haben, löten Sie die Drahtanschlüsse auf der Rückseite der Platine an.

Dioden

Beim Einlöten von Dioden ist ähnlich vorzugehen wie bei Widerständen. Nachdem Sie die Diode an den Einbauort gelegt und den Abstand der Bohrungen auf der Platine ermittelt haben, biegen Sie beide Anschluss-

7.2 Bauteile vorbereiten und fachgerecht einlöten

drähte rechtwinkelig mit einer Elektronikerflachzange zurecht. Anschließend das Bauteil auf die Platine setzen. Achten Sie dabei auf den Aufdruck des Bestückungsplans und besonders auf die richtige Polung nach Kapitel 6.5. Die Kathodenseite oder der Minuspol der Diode ist mit einem Ring markiert. Das Diodenschaltzeichen auf der Platine kennzeichnet den Minuspol mit einem Strich.

Abb. 7.10 – Damit auch flache Bauteile beim Einlöten ihre Position auf der Platine beibehalten, kann man die umgedrehte Leiterplatte mit einer Zange beschweren.

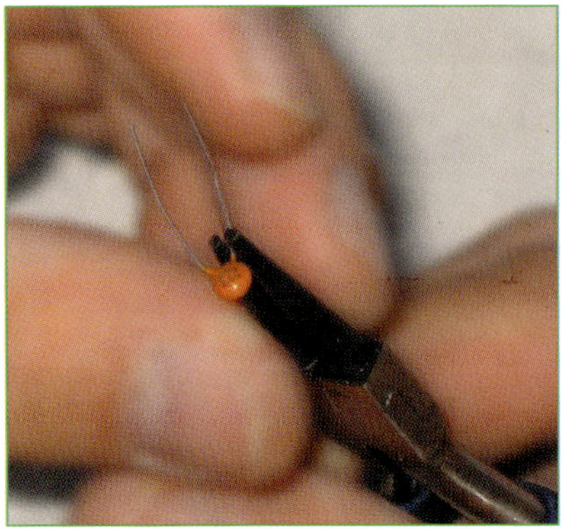

Abb. 7.11 – Auch die Anschlüsse der Kondensatoren eventuell etwas zurechtbiegen, um sie gut einlöten zu können.

Kondensatoren

Wenn Sie Widerstände und Dioden eingelötet haben, sind die Kondensatoren an der Reihe. Analog zu Widerständen sind auch Kondensatoren in einem gewissen Abstand zur Platine aufzulöten. Die Bauteile dürfen die Leiterplatte nicht berühren. Die Drahtanschlüsse vor allem von Folienkondensatoren sehr vorsichtig zurechtbiegen, um das Bauteil nicht zu zerstören. Die Elektrolytkondensatoren müssen Sie außerdem richtig gepolt einlöten. Kapitel 6.7 erläutert unter der Überschrift *Bei Elektrolytkondensatoren auf richtige Polung achten*, wie beim Bestücken der Platine vorzugehen ist.

Transistoren

sind nach Kapitel 6.8 abhängig von ihrer Bauform unterschiedlich in eine Schaltung einzubauen. Die Drahtanschlüsse aller Transistoren sind so angeordnet, dass man sie nicht falsch einlöten kann. Achten Sie nur darauf, dass sich die Drähte nicht berühren. Setzen Sie die Bauteile außerdem nicht direkt auf die Platine auf, damit sie besser gekühlt sind. Ideal ist ein Abstand von rund 3 mm bis 5 mm. Da Transistoren durch Überhitzung zerstört werden können, sollten Sie beim Einlöten auf eine kurze Lötzeit achten.

Die Betriebswärme eines Transistors muss sicher in die Umgebung entweichen können. Größere Modelle lassen sich deshalb in einen Kühlkörper schieben oder an einem festschrauben, der im Bausatz enthalten ist. Profis streichen die Seite des Transistors, die ans Kühlblech angeschraubt werden soll, außerdem mit etwas Kontaktpaste ein, um die Wärmeabfuhr zu verbessern. Je größer die Oberfläche eines Kühlkörpers ist, umso besser nimmt er die Betriebswärme des Bauteils auf und gibt diese an die Umgebung ab. Mit einem großen Kühlkörper können Sie deshalb die Lebensdauer von Transistoren verlängern oder sie im Rahmen ihrer Leistungsfähigkeit höher belasten. Aufgeschobene Kühl-

Abb. 7.12 – Der größere Leistungstransistor sitzt im Kühlkörper und darf auf keinen Fall andere Bauteile in der Schaltung berühren!

körper müssen sehr eng am Transistorgehäuse anliegen. Sie lassen sich deshalb nicht ohne weiteres aufsetzen. Mit den Fingern etwas aufbiegen, was etwas Kraft kostet und vor dem Einlöten des Transistors aufschieben. Achten Sie beim Einbau eines Transistors mit aufgestecktem Kühlkörper besonders darauf, dass dieser an keiner Stelle Kontakt zu anderen Bauteilen hat! Das verursacht einen Kurzschluss in der Schaltung.

Integrierte Schaltungen

Prüfen Sie vor Lötbeginn, ob IC-Sockel oder Bauteil nach Kapitel 6.9 korrekt auf die Platine gesteckt sind. Immer wieder wird empfohlen, einen Anschuss etwas abzuknicken, damit der IC schon beim Einlöten sicheren Halt hat und nicht aus den Löchern der Platine rutschen kann. Davon ist jedoch abzuraten, weil so das spätere Auslöten schwieriger wird. Allerdings sollten Sie die Lötzeit an den Beinchen so kurz wie möglich halten, weil zu viel Hitze das Bauteil zerstören kann! Deshalb ist auch das Auslöten von Integrierten Schaltungen nicht leicht. Je mehr Anschlüsse das Bauteil hat, umso schwieriger wird die Aufgabe. Am besten auf einen Feinlötkolben nach Kapitel 1.1 oder eine so-

Abb. 7.13 – Ein IC lässt sich noch mit einem Universallötkolben löten (linkes Bild). Besser geeignet ist ein Feinlötkolben (rechtes Bild).

7.2 Bauteile vorbereiten und fachgerecht einlöten

lide Lötstation nach Kapitel 15 zurückgreifen. Manchmal müssen Sie auch die Anschlüsse eines IC mit der Elektronikerflachzange zurechtbiegen, um das Bauteil in die Bohrungen der Platine einsetzen zu können.

Haben Sie einen IC-Sockel vor sich, diesen nach Kapitel 6.9 in der korrekten Richtung auf die Platine stecken, anlöten und den IC einstecken. Achten Sie dabei auf die Kennzeichnungen am Sockel und am IC, um das Bauteil in der erforderlichen Richtung aufzusetzen. Meist ist nach Abb. 7.15 eine Kerbe erkennbar.

Abb. 7.14 – Eventuell die IC-Anschlüsse etwas zurechtbiegen, damit sie in die Bohrungen der Platine passen.

Abb. 7.15 – Die Schaltung ist fast komplett aufgebaut. Zum Schluss die ICs in die Sockel stecken. Die Kerbe verrät die Einsteckrichtung.

7.3 Empfindliche Bauteile sicher handhaben

Normalerweise darf man ICs nur am Gehäuse, nicht aber an den Anschlussbeinchen mit den Fingern anfassen. Elektrostatische Aufladungen könnten empfindliche ICs zerstören. Diese Aufladungen kennen Sie aus dem Alltag. Wenn Sie jemandem die Hand geben und dabei ein kurzes Kribbeln spüren, fliegen einige kleine Funken. Dadurch wird der Potenzialunterschied zwischen beiden Händen ausgeglichen. Dieser Funkenflug kann auch zwischen Ihren Händen und einem elektronischen Bauteil auftreten – eine Spannung, die für empfindliche Bauteile zu hoch ist. Schutz verspricht eine solide Lötstation nach Kapitel 15, in die eine Potenzialausgleichsbuchse eingebaut ist. Zusammen mit einem Spezialhandgelenk und einer leitfähigen Unterlage kann man den gesamten Arbeitsbereich auf ein gleiches, für das Bauteil ungefährliches Potenzial bringen. Spezielle Manschetten können Sie um das Armgelenk legen und an die Potentialausgleichsbuchse anschließen

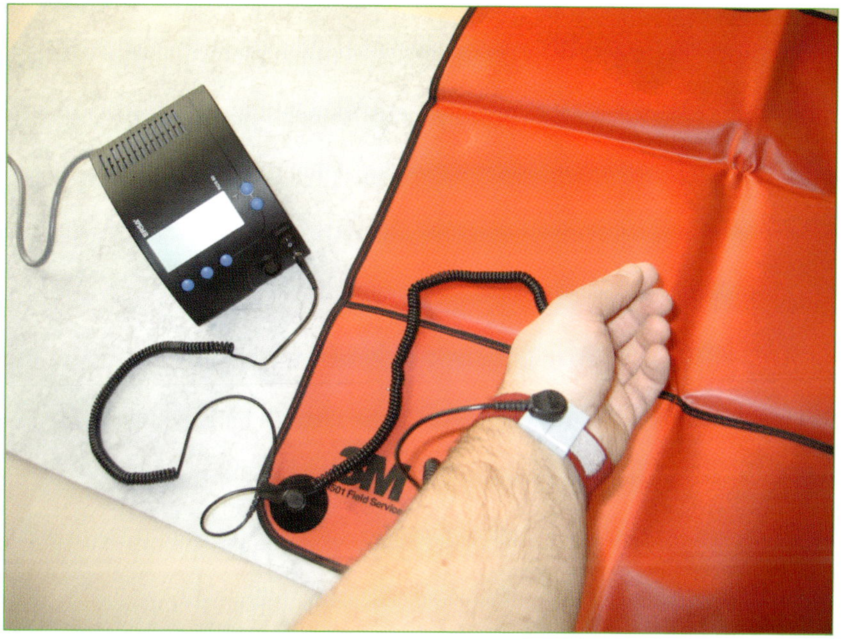

Abb. 7.16 – Das Armgelenk ist über eine Manschette mit der Potenzialausgleichsbuchse verbunden und liegt so am für das Bauteil ungefährlichen Potenzial.

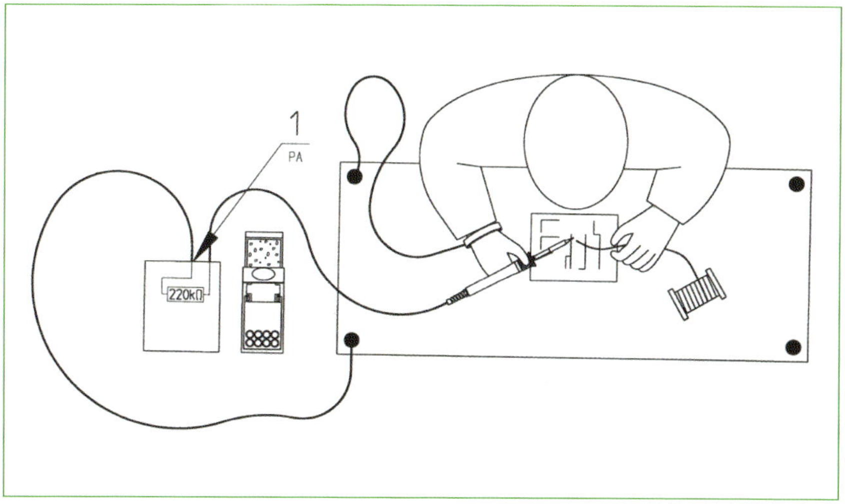

Abb. 7.17 – Arbeiten Sie mit empfindlichen elektrischen Bauteilen, sollten Ihre Hände, der Lötkolben, die Arbeitsfläche und der Arbeitsbereich am selben Potenzial liegen. (Foto: Ersa)

7.3 Empfindliche Bauteile sicher handhaben

(Abb. 7.16). Selbst die Lötkolbenspitze ist in den Potenzialausgleich einbezogen, die mit der Ausgleichsbuchse über die leitfähige Arbeitsunterlage verbunden ist. Nur dann, wenn Ihre Hände und alle erforderlichen Komponenten am selben Potenzial liegen, ist die Zerstörung eines empfindlichen IC ausgeschlossen (Abb. 7.17).

Abb. 7.18 – Mit Fingern auf die Bauteile zu greifen, kann empfindlichen Bauelementen den Garaus machen.

Abb. 7.19 – Baugruppen sind stets so anfassen, dass Sie weder Bauteile noch Leiterbahnen direkt berühren.

7.4 Gelötete Schaltung überprüfen – Anschlussdrähte nicht sofort abzwicken

Die Anschlussdrähte vieler Elektronikbauteile sind sehr lang. Nachdem Sie die Platine bestückt haben, ragen sie rund 4 cm bis 5 cm aus der Platine. Zwicken Sie diese Überlängen aber nicht sofort nach dem Einlöten ab, sondern warten Sie, bis die Lötarbeiten abgeschlossen sind – und das heißt: Nachdem alle Bauteile auf der Rückseite der Platine eingelötet sind und der „Stachelwald" vollständig ist, den Lötkolben zur Seite legen und die Schaltung genau überprüfen. Sind alle Bauteile dort eingelötet, wo sie hingehören? Selbst Lötprofis verwechseln immer wieder Widerstände und bauen diese an falschen Stellen ein. Deshalb kontrollieren Sie, ob Sie tatsächlich alle Bauteile in die richtigen Bohrungen auf der Platine eingebaut haben. Auch bei Dioden oder Kondensatoren besteht Verwechslungsgefahr. Stimmen Einbaurichtung und Polarität? Sollten

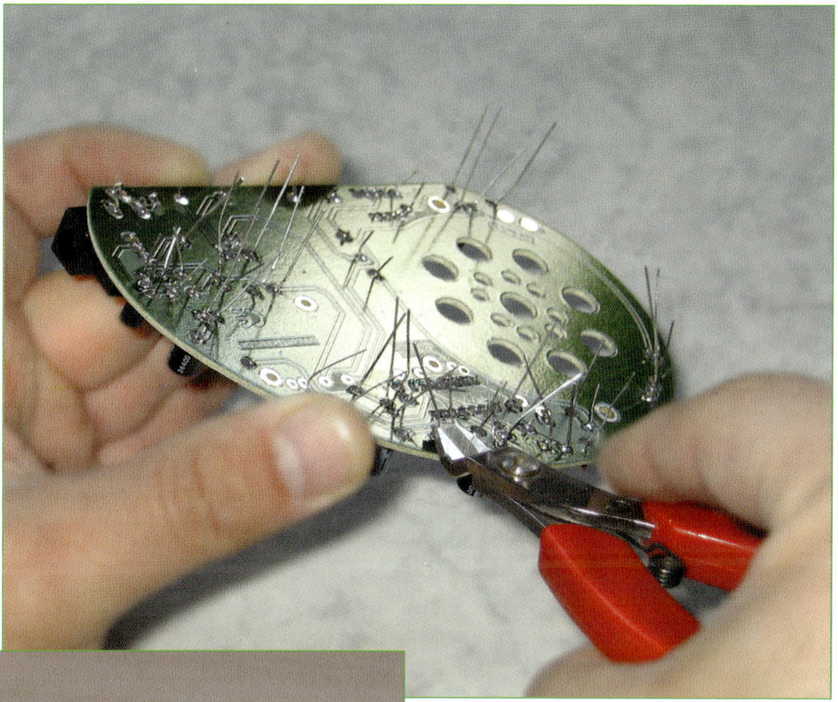

Abb. 7.20 – Erst wenn alle Bauteile korrekt eingebaut sind, die überstehenden Drahtenden mit einem Elektronikerseitenschneider stutzen.

Abb. 7.21 – Fertige Platine.

7.4 Gelötete Schaltung überprüfen – Anschlussdrähte nicht sofort abzwicken

Bauteile falsch eingelötet sein, erleichtern die langen Drahtenden die Arbeit. Auch alle anderen elektronischen Komponenten auf der Platine sind zu überprüfen. Verzichten Sie darauf, besteht die Gefahr eines Kurzschlusses, der im schlimmsten Fall die Schaltung zerstören kann! Erst nachdem Sie sich vergewissert haben, dass alle Bauteile an der richtigen Stelle eingelötet sind, kürzen Sie die zu langen Anschlussdrähte mit einem Elektronikerseitenschneider. Die Anschlussdrähte sind rund 0,5 mm bis maximal 1 mm über den Lötkegeln abzuzwicken. So haben Sie eine kleine Längenreserve, wenn Sie doch einmal gezwungen sein sollten, ein Bauteil wegen eines Defekts auszulöten. Erst nachdem Sie die Arbeiten an der Schaltung vollständig abgeschlossen haben, darf sie in Betrieb gehen.

Tipp

Mit zunehmender Größe einer Platine steigt die Zahl der Bauteile. Die langen Drahtanschlüsse wachsen schnell zu einem „Stachelwald" zusammen, der das Löten nicht gerade erleichtert. Die Lötpunkte zu erreichen, kann deutlich schwerer werden. Damit die Drähte beim Löten nicht zu sehr stören, kann man die Platine von innen nach außen bestücken und die bereits verlöteten Anschlüsse minimal kürzen. Mit einer Überlänge von rund 2 cm haben Sie genügend Reserven, falls Sie einzelne Bauteile tauschen müssen. Welche Längen genau erforderlich sind, hängt von der Schaltung und den Lochabständen auf der Platine ab.

7.5 Bauteile vertauscht? Fehler systematisch beheben

Haben Sie bei einer voll bestückten Platine einen falsch platzierten Widerstand entdeckt, muss mindestens noch ein zweiter mit von der Partie sein. Zuerst sind diese „falschen" Bauteile auszulöten und die Lötaugen so weit wie möglich vom Lot zu befreien. Kapitel 8 beschreibt, wie dabei vorzugehen ist. Nur wenn die Bohrungen wieder frei sind, können Sie die Anschlüsse des richtigen Bauteils ohne Schwierigkeiten durchstecken. Dabei sind die langen, noch nicht abgezwickten Anschlussdrähte nach Kapitel 7.4 von Vorteil, da der Abstand zwischen den Bohrungen auf der Platine unterschiedlich groß ist. Vor allem die Bohrungen für einen Widerstand und eine Diode unterscheiden sich, weil Dioden meist etwas kleiner sind als Widerstände. Abgekniffene Anschlussdrähte können deshalb für vertauschte Bauteile an neuen Einbaustellen zu kurz sein.

7.6 Stromversorgungskabel richtig anlöten

Zahlreiche Löt-Bausätze sind mit rund 9 Volt (V) bis 12 V Gleichspannung zu betreiben. Meist liegt in den Bausatztüten eine Anschlussfahne für eine 9-V-Batterie. Sie besteht aus einem glatten und einem als Sechskant gebogenen Clip und zwei Drähten (Abb. 7.22). Doch welcher Draht ist wo an der Schaltung anzulöten? Der rote Draht kennzeichnet den Pluspol, den Minuspol erkennen Sie an der schwarzen Ader. Wo die Stromversorgungskabel exakt auf der Platine anzulöten sind, sollte zumindest im Begleittext des Bausatzes nachzulesen sein. Aus dem Aufdruck der Platine geht das nicht immer verständlich hervor. In der Bauanleitung

Abb. 7.22 – Anschlussfahne für eine 9-V-Batterie. Der rote Draht ist der Plus-, der schwarze der Minus-Pol.

Abb. 7.23 – Um die Stromversorgungskabel anzulöten, die Drahtenden abisolieren und …

heißt der Minuspol oft auch „Masse". Um die Drähte von der Batterie an die Anschlusspunkte der Platine zu löten, ziehen Sie die Kunststoffisolierung an den beiden Drahtenden mit einer Abisolierzange einige Millimeter weit ab. Im Anschluss sind die blanken Drahtenden mit Lot zu verzinnen, um sie danach besser anlöten zu können.

Abb. 7.24 – … vor dem Anlöten verzinnen.

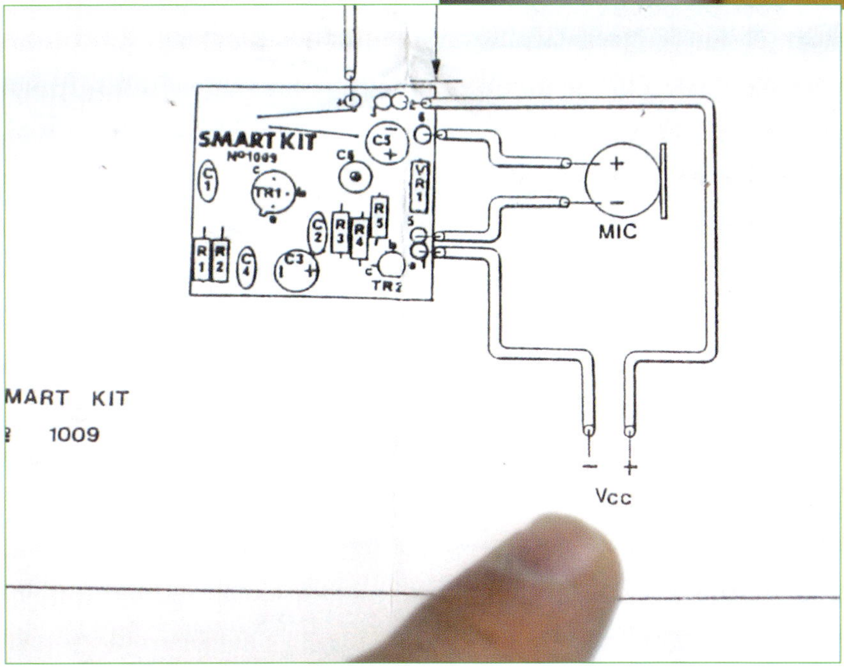

Abb. 7.25 – Die Bauanleitung informiert über die exakten Anschlusspunkte für die Stromversorgungskabel.

7.7 Löten auf sehr glatten Oberflächen

Benötigen Schaltungen nur wenig Strom, können Sie die Batterie oder den Akku direkt an die Anschlusspunkte der Schaltung über Drähte anlöten. Wenn da nicht ein Problem wäre: Plus- und Minus-Pol der Batterie haben eine sehr glatte metallische Oberfläche. Dadurch perlt das Lot ab, oder man kann es nur irgendwie auf die Lötstelle „schmieren". Damit das Lot hält, rauen Sie die Oberfläche der Batteriepole mit feinem Schmirgelpapier oder einer feinen Feile etwas an. Zur Not tut es auch ein Schraubenzieher. Schon einige leichte Kratzer lassen das Lot deutlich besser haften. Damit es tatsächlich haften bleibt, sind die angerauten Stellen gründlich zu reinigen und Fettrückstände zu beseitigen. Danach nicht mehr mit den Fingern berühren und die Drähte anlöten. Diese Lötpunkte sind trotzdem nicht die besten. Man sollte deshalb mit Batterie oder Akku behutsam umgehen.

7.8 Lautsprecher- oder Mikrofon-Kabel anlöten

Damit können Sie konfrontiert sein, wenn Sie beispielsweise einen Babysitter- oder Gegensprechanlagen-Bausatz zusammenbasteln möchten. Lautsprecher oder Mikrofone sind über Buchsen und kurze isolierte Drähte mit der Platine zu verbinden. Die Leitungen sollten zwischen 0,5 mm^2 und 1 mm^2 dick sein. Die Buchsen erlauben, unterschiedliche Mikros oder Lautsprecher an die Schaltung bequem anzustöpseln, ohne dass Sie jedes Mal zum Lötkolben greifen müssen.

Wie bei Dioden oder Elektrolytkondensatoren ist auch beim Anschließen eines Mikrofons auf die Polarität zu achten, über die die Platine informiert. Bei Kondensatormikrofonen ist der Minuspol oder der Masseanschluss mit dem Gehäuse verbunden (Abb. 7.26). Etwa in der Mitte liegt der Pluspol. Da Kondensatorkapseln im Gegensatz zu dynamischen Mikrofonen ziemlich klein sind, kann eine Lupe helfen, die Anschlussdrähte richtig anzulöten. Zuerst ziehen Sie den Kunststoffmantel der Drahtenden auf einer Länge von rund 5 mm mit einer Abisolierzange ab. Die blanken Drahtenden sind mit dem Lötkolben zu verzinnen, damit sie sich leichter an die Anschlusspunkte des Mikrofons löten lassen. Verzinnen und Anlöten sollte allerdings nicht zu lange dauern, damit die Kunststoffisolierung der Leitungen nicht zu schmelzen beginnt. Möchten Sie dagegen Drähte an einen Lautsprecher anlöten, sind vorher nicht nur die blanken Drahtenden, sondern auch die Anschlusspunkte des Lautsprechers nach Abb. 7.27 zu verzinnen.

Abb. 7.26 – Bei diesem Kondensatormikrofon ist der rechte Anschlusspunkt als Minuspol mit dem Gehäuse verbunden.

Abb. 7.27 – Damit sich die Drähte besser anlöten lassen, sind beide Anschlusspunkte des Lautsprechers zu verzinnen.

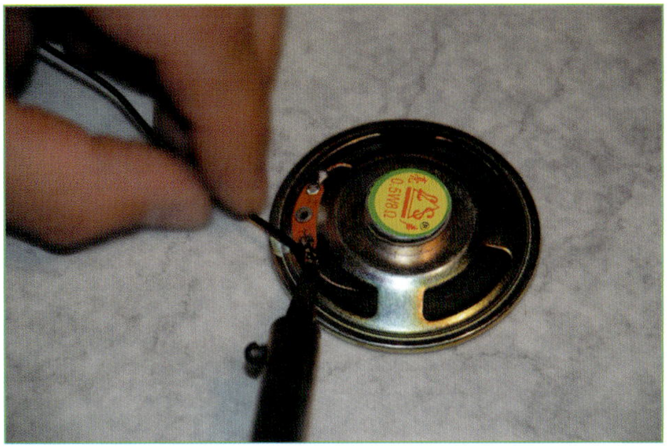

Abb. 7.28 – Anlöten der Kabel an den Lautsprecher.

7.9 Letzte Sichtkontrolle und Schaltung in Betrieb nehmen

Nachdem Sie die Lötarbeiten abgeschlossen haben, überprüfen Sie noch einmal den Bausatz. Dabei sollten Sie auf die Bauteile achten, die an der richtigen Stelle und, falls erforderlich, mit der richtigen Polung angelötet sein müssen. Auf die korrekte Einbaurichtung ist bei Dioden, Elektrolytkondensatoren, Transistoren und Integrierten Schaltungen zu achten. Auch die Rückseite der Platine ist zu kontrollieren. Sind vielleicht Leiterbahnen mit Lot überbrückt worden? Das löst einen Kurzschluss aus, wenn Sie die Schaltung in Betrieb nehmen! Auch eng beieinander liegende Lötpunkte an ICs sind zu prüfen, ob kein Lot dazwischen gelangt ist. Ist beim Löten doch zu viel Lötzinn haften geblieben, das überflüssige Lot nochmals erhitzen und mit Entlötdraht oder einer Entlötpumpe nach Kapitel 8 entfernen. Auch auf der Platine liegen gebliebene abgeschnittene Drahtenden können einen Kurzschluss verursachen. Deshalb sollten Sie auch darauf achten. Wenn Elektronikbausätze nicht funktionieren, können außerdem Kalte Lötstellen der Grund sein. Man erkennt sie bei bleihaltigem Lot an einer matten und etwas stumpfen Oberfläche, einwandfreie Lötstellen glänzen dagegen. Kapitel 5 erläutert, wie man auch andere schlechte Lötpunkte zuverlässig erkennt.

Die Bauanleitung klärt Sie nicht nur über die Funktionen der Schaltung auf, sondern enthält auch Hinweise über eventuelle Abgleicharbeiten, die vor Inbetriebnahme erforderlich sind. Der Anwender muss vielleicht einen regelbaren Widerstand einstellen. Funktioniert die Schaltung trotz penibler Überprüfung nicht, prüfen Sie, ob Batterie oder Akku richtig angeschlossen sind. Außerdem sollten Sie noch einmal einen Blick auf alle eingelöteten Bauteile werfen. Trotzdem Entwarnung: Die meisten Fehler lassen sich vermeiden, wenn Sie sich genügend Zeit beim Zusammenbauen und Kontrollieren lassen.

8 Unerwünschtes Lot zuverlässig entfernen

Wenn Sie als Einsteiger zum Lötkolben greifen, gelangt nicht selten etwas zu viel Lot auf die Lötstellen. Wie bei allen Dingen des Lebens, ist auch beim Löten noch kein Meister vom Himmel gefallen. Das Lötzinn kann zu einem benachbarten Lötauge fließen und so unbeabsichtigt einen leitenden Kontakt herstellen. Das kann auch zwischen Kontakten von Bauteilen oder zwischen Leiterbahnen passieren. Auch beim Auslöten von Bauteilen muss man Lötzinn entfernen. Dieses Kapitel beschreibt, wie mit passenden Werkzeugen vorzugehen ist, damit das Lotentfernen komfortabel klappt.

8.1 Entlötdraht fachgerecht einsetzen

Überflüssiges Lot bindet ein Entlötdraht nach Kapitel 2.9, der aus sehr dünnen Metalllitzen besteht. Für Bastelanwendungen sind Sie mit Standardbreiten von rund 2 mm bis 3 mm bestens bedient. Feinere Entlötdrähte benötigen Sie nur, wenn Sie sehr kleine Bauelemente wie SMD-Bauteile auslöten möchten. Legen Sie den Entlötdraht zuerst auf den zu bearbeitenden Lötpunkt. Halten Sie ihn nicht zu nahe der Arbeitsstelle fest, weil er beim Lotentfernen sehr heiß wird. Ein Abstand von mindestens 10 cm ist ratsam. Jetzt ist die heiße Lötkolbenspitze auf den Lötpunkt zu drücken, und die Metalllitzen können das überschüssige Lot aufnehmen (Abb. 8.1). Rund 2 cm Entlötdraht werden in Lot getränkt, wenn man ein Bauteil auslötet. Ist alles überschüssige Lot gebunden, sind Lötkolben und Entlötdraht gleichzeitig vorsichtig von der Arbeitsstelle zu entfernen.

Abb. 8.1 – Entlötlitze bindet überschüssiges Lot.

Achten Sie beim Entlöten darauf, dass die Metalllitze keine benachbarten Lötpunkte berührt. Diese erwärmen sich sonst und ge-

Abb. 8.2 – Der Blick durch die Lupe bringt Gewissheit: Das alte Lot ist weg.

ben Lot ab, oder der Entlötdraht bleibt daran haften. Trotzdem können Sie mit Entlötdraht Bauteile sehr komfortabel ausbauen und überschüssiges Lot sicher entfernen. Selbst ICs lassen sich einfach auslöten. Die Litze über alle Anschlüsse auf einer Seite des Bauteils legen und die Lötkolbenspitze langsam von einem Ende zum anderen bewegen. Dabei wird das Lot nach und nach von den einzelnen Anschlusspunkten abgesaugt.

Wie viel Lot die Litze aufnimmt, hängt von der Lötzeit und der Lötspitze ab. Wenn Sie die Entlötarbeiten erledigt haben (Abb. 8.2), schneiden Sie die mit Lot bedeckte Entlötlitze ab und entsorgen Sie sie. Sie ist nur einmal verwendbar.

Abb. 8.3 – Ein mit Lot bedeckter Entlötdraht ist nicht mehr verwendbar.

8.2 Mit Entlötpumpe Lötzinn absaugen

Auch mit der Entlötpumpe nach Kapitel 2.9 können Sie überflüssiges Lot von der Arbeitsstelle entfernen. Das erfordert allerdings etwas Übung. Wenn Sie Lötzinn absaugen wollen, müssen Sie den Kolben spannen. Dazu den Griff auf der Rückseite so weit in den Zylinder drücken, bis dieser einrastet. Das Werkzeug ist jetzt einsatzbereit. Danach das Lot an der Arbeitsstelle mit dem Lötkolben erhitzen. Sobald es flüssig geworden ist, die Entlötpumpe aufsetzen. Auf den Arretierknopf drücken, der Kolben schnellt nach hinten und saugt das Lötzinn ab. Problem bei einfachen Entlötpumpen: Durch den Rückstoß schlägt die Entlötspitze auf die Lötstelle auf. Außerdem ist bei allen Modellen darauf zu achten, dass beim Absaugen die Pumpenspitze nicht die heiße Lötkolbenspitze berührt. Die Teflonspitze kann sich dadurch verformen und im Bereich der Öffnung sogar schmelzen!

Abb. 8.4 – Beim Arbeiten mit der Entlötpumpe brauchen Sie beide Hände.

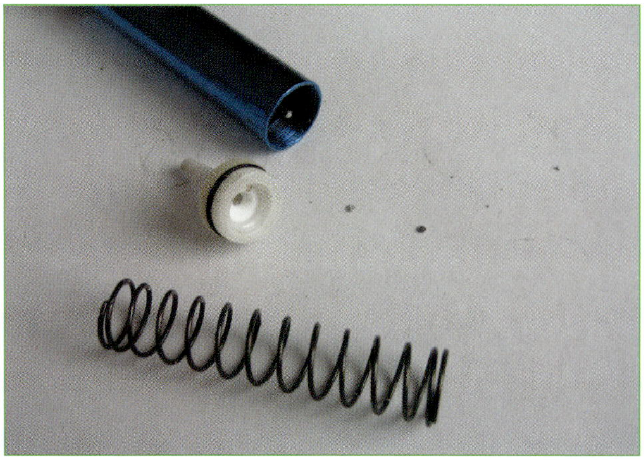

Abb. 8.5 – Schon nach wenigen Entlötvorgängen haben sich im Zylinder einige kleine Lotklümpchen angesammelt.

Entlötpumpe reinigen

Das abgesaugte Lötzinn sammelt sich im Zylinder. Je nach Modell sollten Sie die Entlötspitze oder den hinteren Teil der Entlötpumpe vom Zylinder abschrauben und das Lötzinn anschließend auf ein Blatt Papier oder Pappe fallen lassen und entsorgen. Auch das Innere der Absaugspitze ist von erkaltetem Lötzinn zu säubern.

8.3 Gereinigte Lötkolbenspitze? Nur eine Notlösung

Haben Sie weder Entlötdraht noch eine Entlötpumpe zur Hand, können Sie Lötzinn auch mit der Lötspitze aufnehmen, wenn diese gründlich gereinigt ist. Den Lötpunkt so lange erhitzen, bis das Lötzinn wieder flüssig ist. Danach den Lötkolben von der Lötstelle entfernen und die Lötspitze vom angesammelten Lot säubern. Das gelingt mit einem feuchten Küchenschwamm, an dem Sie die Spitze abstreifen können. Diesen Arbeitsvorgang ist mitunter mehrmals zu wiederholen, weil die Lötkolbenspitze immer nur wenig Zinn aufnehmen kann. Der Nachteil: Empfindliche Bauteile werden durch die immer wiederkehrende Hitze belastet. Außerdem können sich zuvor eingelötete Bauteile lockern und herausrutschen. Die gereinigte Lötkolbenspitze ist deshalb nur eine Notlösung, um Lot zu entfernen.

9 Defekte Platine reparieren

Als Anfänger braucht man zum Löten manchmal etwas länger. Wenn man Pech hat, lösen sich durch die größere Hitze das Lötauge oder die nahe Leiterbahn von der Platine. Eine schöne „Bescherung" – trotzdem nicht den Mut verlieren, denn solche Platinen lassen sich reparieren.

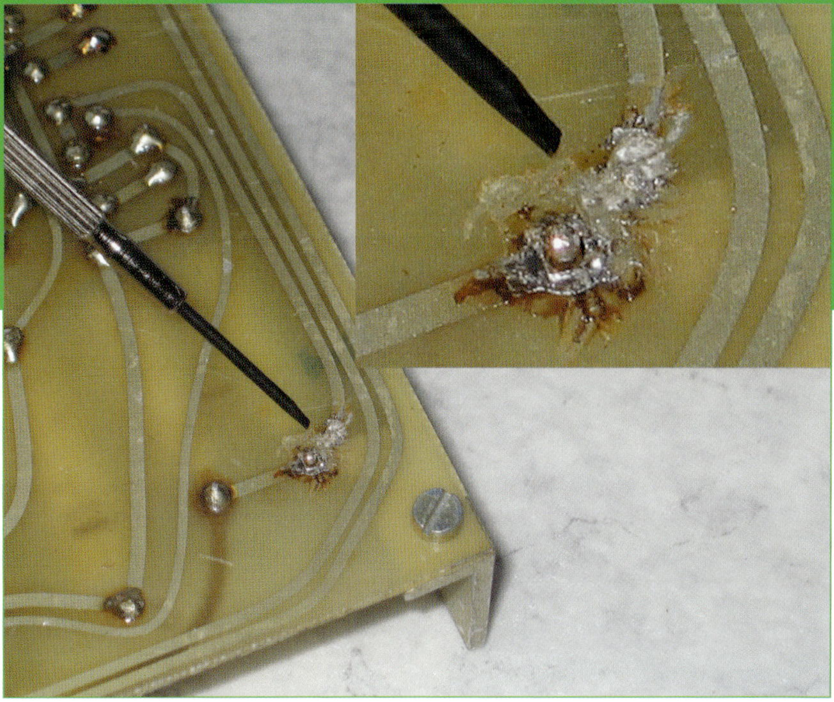

Abb. 9.1 – Die Leiterbahn hat sich am Lötauge gelöst.

9.1 Kaputte Leiterbahn mit Drahtbrücke auf Vordermann bringen

Zuerst müssen Sie feststellen, wie weit sich die Leiterbahn gelöst hat. An zwei Stellen, wo sie noch gut haftet, schneiden Sie vorsichtig mit einem scharfen Tapetenmesser den losen Teil heraus. Jetzt überbrücken Sie das fehlende Stück Leiterbahn mit einem dünnen Draht. Da Leiterbahnen häufig mit einer isolierenden Lackschicht überzogen sind, müssen Sie diese auf einer Länge von rund 3 mm bis 5 mm vorsichtig mit dem Messer oder einem kleinen Schraubenzieher abschaben (Abb. 9.2 und Abb. 9.3). Achten Sie darauf die Leiterbahn dabei nicht zu beschädigen. Das freigelegte Leiterbahnstück mit feinem Schmirgelpapier etwas anrauen und mit Lot verzinnen (Abb. 9.4 und Abb. 9.5). Für die Drahtbrücke kann man einen abgezwickten Anschlussdraht von einem eingebauten Bauteil verwenden – vorausgesetzt, der blanke Draht kann keinen Kurzschluss verursachen. Im Zweifel greifen Sie

Abb. 9.2 – Schritt 1: Nachdem Sie den losen Teil der Leiterbahn herausgeschnitten haben, schaben Sie den Isolierlack auf einem Stück der noch intakten Leiterbahn vorsichtig ab.

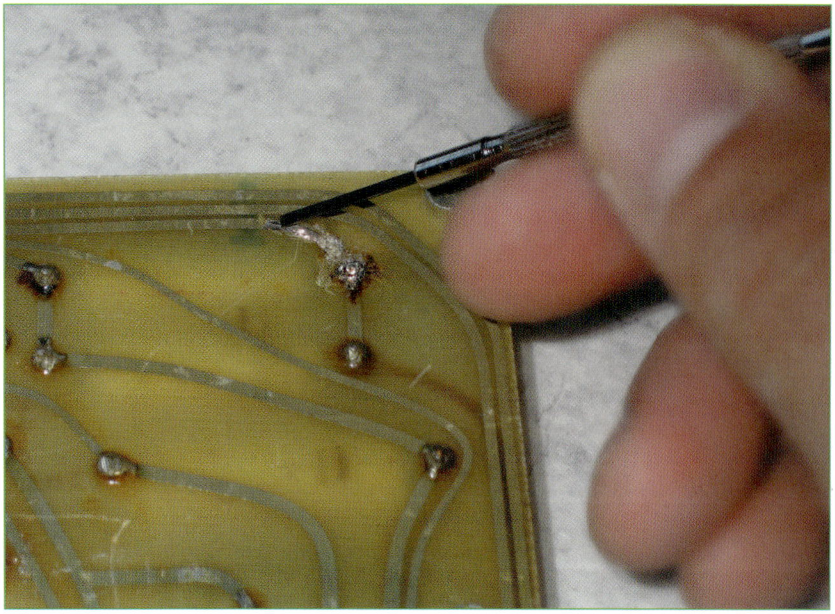

Abb. 9.3 – Den Lack kann man auch mit einem kleinen Schraubenzieher entfernen.

9.1 Kaputte Leiterbahn mit Drahtbrücke auf Vordermann bringen

auf einen isolierten, rund 0,5 mm^2 dicken Leiter zurück. Auch die Drahtbrücke vor dem Einlöten an den Enden sollten Sie verzinnen, damit das Lot besser haftet. Den verzinnten Draht sicher auf die Leiterbahn legen, gegen Verrutschen sichern und auf einer Seite anlöten (Abb. 9.7). Nach dem Abkühlen der Lötstelle biegen Sie die Drahtbrücke bei Bedarf mit einer Elektronikerflachzange vorsichtig zurecht (Abb. 9.8). Schließlich löten Sie das andere Drahtende an die gegenüberliegende Seite der defekten Leiterbahn an und zwichen den überstehenden Leiter ab – fertig.

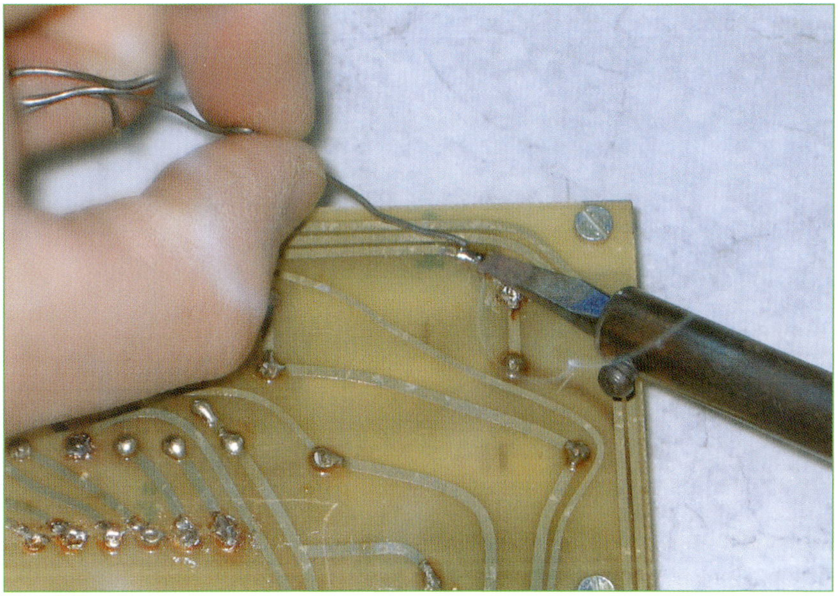

Abb. 9.4 und Abb. 9.5 – Schritt 2: Auf die blanken Stellen der Leiterbahn muss etwas Lot aufgetragen werden.

9.1 Kaputte Leiterbahn mit Drahtbrücke auf Vordermann bringen

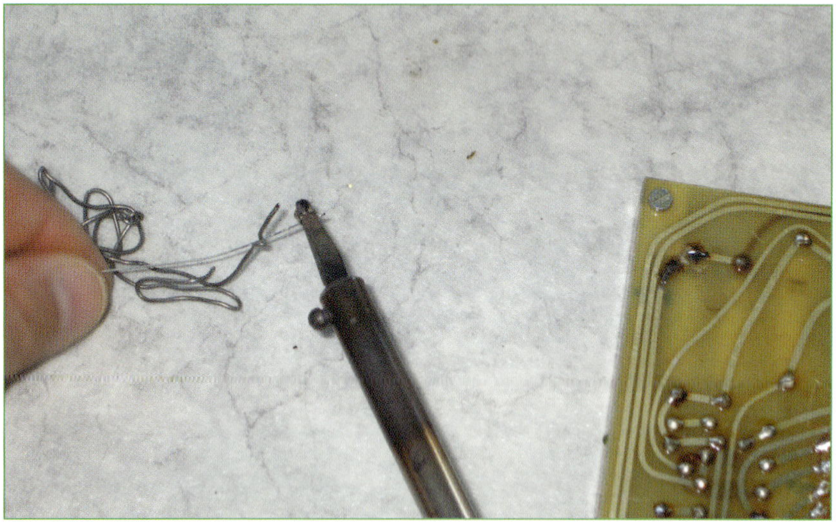

Abb. 9.6 – Schritt 3: Um sich die Flickarbeit zu erleichtern, sollten Sie auch die Drahtbrücke an den Enden ein wenig verzinnen.

Abb. 9.7 – Schritt 4: Löten Sie das Drahtstück zuerst an einem Ende an …

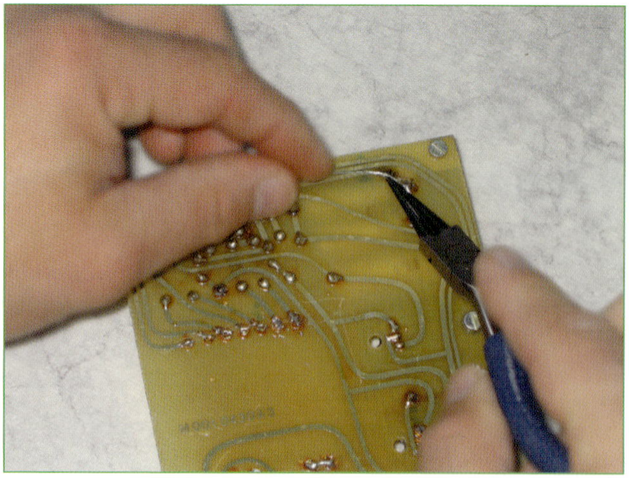

Abb. 9.8 – Schritt 5: … und biegen es vorsichtig zurecht.

9.1 Kaputte Leiterbahn mit Drahtbrücke auf Vordermann bringen

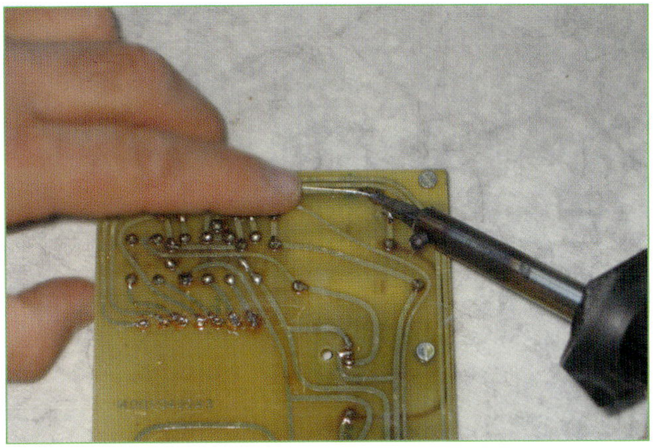

Abb. 9.9 – Schritt 6: Danach das zweite Ende der Drahtbrücke anlöten.

Abb. 9.10 – Schritt 7: Zuletzt den überstehenden Draht abkneifen.

Abb. 9.11 – Fertig eingelötete Drahtbrücke. Die defekte Leiterbahn ist repariert.

9.2 Kaputtes Lötauge mit Anschlussdraht überbrücken

Hat sich ein Lötauge gelöst, ist bei der Reparatur ähnlich vorzugehen wie bei der kaputten Leiterbahn nach Kapitel 9.1. Die Lösung liefern die langen Anschlussdrähte des Bauteils, das man an dieser Stelle einlöten möchte, und die Leiterbahn am defekten Lötauge. Zuerst den Schutzlack der Leiterbahn auf einer Länge von 3 mm bis 5 mm mit dem Messer abschaben, wo sie noch gut haftet. Diese Stelle danach mit feinem Schmirgelpapier anrauen und danach verzinnen. Jetzt den Anschlussdraht des Bauteils durch die Bohrung des defekten Lötauges stecken um 90 Grad in Richtung der verzinnten Leiterbahn umbiegen und ausrichten. Achten Sie darauf, dass das blanke Anschlussstück keinen Kurzschluss mit benachbarten Lötpunkten oder Leiterbahnen verursacht. Zur Absicherung können Sie über den Drahtanschluss ein Stück Isolierung stülpen. Dazu eignet sich der Kunststoffmantel eines zuvor abisolierten Drahtstücks mit vergleichbarem Querschnitt. Den Kunststoffmantel auf die benötigte Länge zurechtschneiden und über den Drahtanschluss stülpen. Danach den Drahtanschluss an den verzinnten Punkt der Leiterbahn löten – fertig. So eingelötete Bauteile halten zwar nicht so fest wie üblich eingelötete, aber bringen die Schaltung wieder zum Laufen. Seien Sie etwas vorsichtig sein, wenn Sie die reparierte Platine ins Gehäuse einbauen.

10 SMD-Bauteile löten

10 SMD-Bauteile löten

Die SMD-Technologie gewinnt durch immer kleinere und intelligentere Bauteile an Bedeutung. SMD steht für surface-mounted device, zu Deutsch oberflächenmontierbares Bauteil. Diese winzig kleinen Bauelemente haben keine Drahtanschlüsse, sondern sind mittels lotfähiger Anschlussflächen direkt auf eine Leiterplatte zu löten. Dafür brauchen Sie eine Pinzette mit feiner Spitze, um sie sicher zu positionieren. Außerdem benötigen Sie einen Feinlötkolben nach Kapitel 1.1 mit einer möglichst dünnen Bleistiftspitze. Hinzu kommt dünnes Lot von etwa 0,5 mm Durchmesser mit säurefreiem Flussmittel. Damit das Löten tatsächlich gelingt, betrachten Sie die Arbeitsstelle durch eine Lupe. Nur wenn Sie den Arbeitsbereich gut erkennen, können Sie die Lötspitze genau platzieren – vorausgesetzt, Sie haben eine ruhige Hand. Das Löten von SMD-Bauteilen erfordert viel Übung und ist deshalb für den ungeübten Einsteiger nicht zu empfehlen.

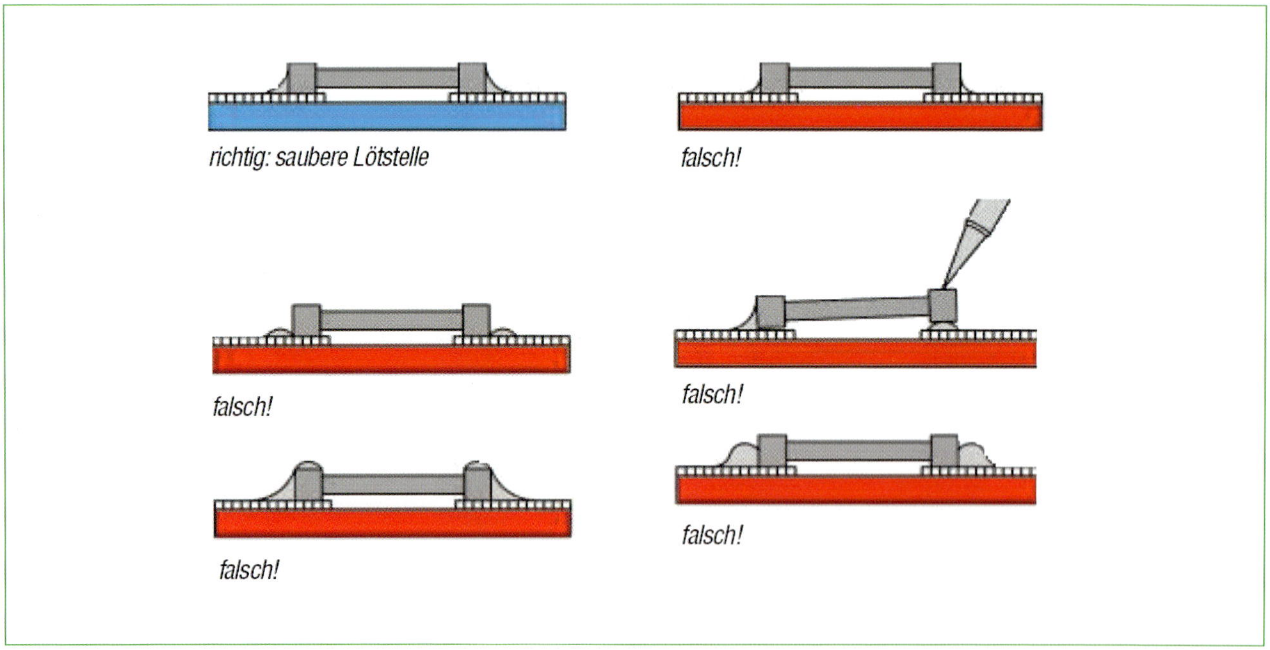

Abb. 10.1 – Einen SMD-Baustein richtig zu löten will gelernt sein (links oben). (Bild: Ersa)

10.1 SMD-Adapter bauen

Immer mehr interessante ICs sind nur noch in SMD-Gehäusen zu erhalten. Was liegt näher, als einen Adapter zu bauen, um das Bauteil auf einer herkömmlichen Platine unterzubringen. Dafür eignet sich die TSSOP-Adapterplatine von AK Modul-Bus Computer (Abb. 10.2). Ein Digital-Analog-Umsetzer, der digitale in analoge Signale umwandelt, soll im 16-poligen TSSOP-Gehäuse mit der Platine für einen Probeaufbau verwendet werden. Zuerst den IC richtig auf die Adapterplatine stecken. Kapitel 6.9 informiert unter der Überschrift *Einbaurichtung sicher erkennen*, wie dabei vorzugehen ist. Danach das Bauteil an den Ecken vorsichtig anlöten, ausrichten (Abb. 10.3) und alle Beinchen zusammen mit viel Lötzinn festlöten (Abb. 10.4). Schließlich das meiste Lötzinn mit Entlötdraht nach Kapitel 8.1 entfernen (Abb. 10.5).

Um die Adapterplatine auf die Hauptplatine zu löten, kann man Präzisions-Steckadapter mit runden Kontakten verwenden, die sich auch in IC-Fassungen stecken lassen (Abb. 10.7). Statt der runden Kontakte kommen auch Drahtstücke nach Abb. 10.8 infrage. Die Lötaugen der Adapterplatine haben einen Lochdurchmesser von 0,8 mm, so dass Standard-Pfostenstecker nicht hineinpassen. Der IC besitzt zwar noch mehr Anschlüsse, aber einige liegen an Masse, oder sie lassen sich auf der Platine verdrahten (Abb. 10.9). Den „groß gewordenen" IC können Sie jetzt komfortabel auf eine größere Platine löten.

Abb. 10.2 – TSSOP-Adapterplatine.

Abb. 10.3 – Schritt 1: Das IC an den Ecken vorsichtig anlöten und ausrichten.

Abb. 10.4 – Schritt 2: Alle Beinchen zusammen anlöten.

Informationen und Bilder von Burkhard Kainka: *www.elexs.de*

10.1 SMD-Adapter bauen

Abb. 10.5 – Schritt 3: Überschüssiges Lötzinn mit Entlötdraht entfernen.

Abb. 10.6 – Auf der Platine haftet gerade noch die richtige Menge Lötzinn für eine saubere Verbindung. So einfach ist das!

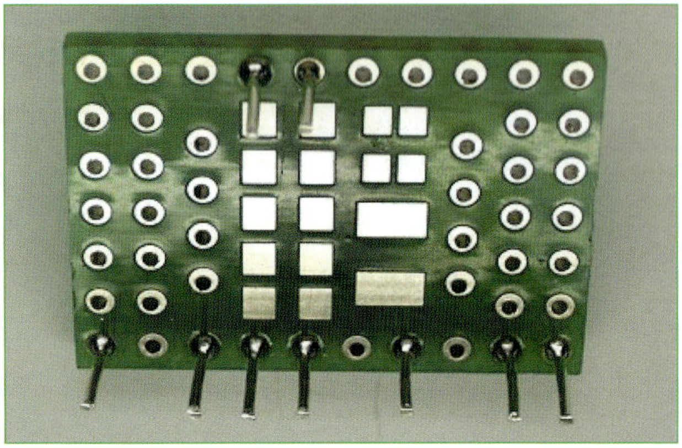

Abb. 10.7 – Schritt 4: Adapterplatine mit Präzisions-Steckadaptern. Die runden Kontakte in die passenden Lötaugen der Hauptplatine stecken und festlöten.

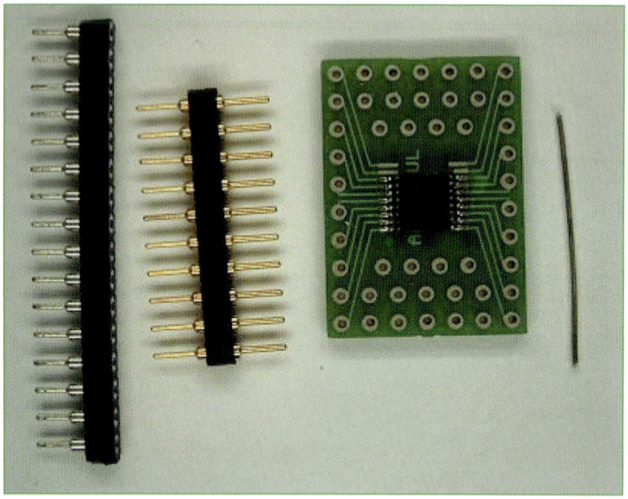

Abb. 10.8 – Präzisions-Steckadapter mit durchgestecktem 0,6 mm dickem Silberdraht.

Abb. 10.9 – Schritt 5: Die fertige Adapterplatine trägt einige zusätzliche Drahtbrücken.

11 Drähte und Kabel fachgerecht zusammenlöten

Bisher ging es in diesem Buch darum, Bauelemente fachgerecht in Platinen einzubauen. Dieses Kapitel erläutert, wie man ihre Anschlussdrähte untereinander und mit einem Verbindungskabel richtig zusammenlötet. Auch hier hängt das Ergebnis von Geschick und Erfahrung ab. Wenn man weiß, wie man vorzugehen hat, ist bereits viel erreicht. Mit folgendem Beispiel geht es gleich in die Praxis: Eine Leuchtdiode soll mit einem Vorwiderstand und einem doppeladrigen Kabel verbunden werden – und zwar ohne Hilfsmittel wie Platine oder Lötöse. Zuerst das zweiadrige Kabel am Ende abisolieren. Die feinen Kupferadern sollten absolut blank sein. Um zu verhindern, dass sie seitlich abstehen, nach Abb. 11.1 eng verdrillen. Im Anschluss die Drahtenden verzinnen. Dabei die heiße Lötspitze und das Lot etwa gleichzeitig an das blanke Kabelende führen. Die Kupferlitze muss einmal richtig heiß werden, damit das Zinn gut verläuft. Eine leichte Hin- und Herbewegung hilft, das Lot über die ganze blanke Drahtlänge zu verteilen.

Nun sind die Anschlussdrähte von Diode und Widerstand an der Reihe. Passend mit einem Elektronikerseitenschneider nach Kapitel 2.2 kürzen und die Enden mit der Lötspitze verzinnen. Das hat zwar schon der Hersteller gemacht, aber es kann sich eine leichte Oxidschicht gebildet haben, die als Isolator wirkt. Nach dem Verzinnen ist alles wieder schön blank. Haben Sie uralte Bauteile aus der Bastelkiste vor sich, die Drahtanschlüsse an den Enden vor dem Verzinnen vorsichtig mit einem Messer blank schaben.

Sind die Kabelenden und die Ende der Anschlussdrähte verzinnt,

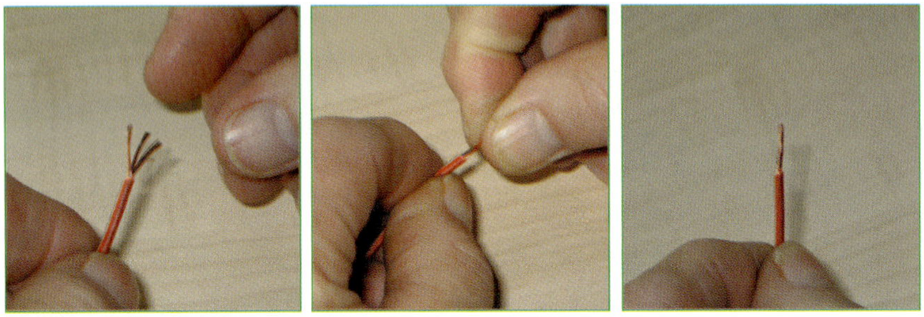

Abb. 11.1 – Die blanke Litze eng zu verdrillen sorgt später für einen gut leitenden Kontakt.

Abb. 11.2 – Die blanken Kabelenden vor dem Zusammenlöten verzinnen.

Abb. 11.3 – Die verzinnten Kabelenden und die verzinnten Anschlussdrähte der Bauteile lassen sich bequem zusammenlöten.

kann es ans Zusammenlöten gehen. Die zu verbindenden Drähte parallel halten und mit etwas Lötzinn heiß verlöten (Abb. 11.3). Die Lötstelle schnell erhitzen und rund 2 mm bis 3 mm Lötzinn mit einem Querschnitt von 1,5 mm verbrauchen. Sobald sich das Lötzinn richtig zwischen den Drähten verteilt hat, den Lötkolben schnell zurückziehen. Die Lötstelle still halten, bis das Lötzinn erstarrt ist. Wackelt man zu früh, hat man eine schlechte Lötstelle produziert.

Typische Anfängerfehler vermeiden

- Der Anfänger berührt die Lötstelle nur mit einer Ecke der Lötspitze. Dabei wird nicht genügend Wärme übertragen. Der geübte Löter legt dagegen die Lötspitze so an, dass eine möglichst große Berührungsfläche entsteht. Er schiebt sehr schnell etwas Lötzinn zwischen Lötspitze und Anschlussdraht, weil das Lot die Löthitze zusätzlich auf die Drahtenden überträgt.
- Der Anfänger lässt erst etwas Lötzinn auf der Lötspitze schmelzen, bevor er lötet. Dabei verdampft das Flussmittel, das Lötzinn liegt frei und oxidiert etwas. Der Lötprofi dagegen berührt die Lötstelle immer gleichzeitig mit Lötkolbenspitze und Lötzinn.
- Der Anfänger ist unsicher, ob er zu viel Hitze zuführt. Er zieht den Lötkolben zu schnell weg, legt ihn wieder an und das vielleicht noch ein- oder zweimal. Das Ergebnis ist eine graue, unregelmäßig geformte Lötstelle mit schlecht leitenden Übergängen. Der Lötmeister dagegen heizt die Lötstelle schnell und kräftig auf und beendet die Lötung abrupt und endgültig.

12 Löten im Auto – Brandflecken keine Chance lassen

Wer im Auto löten möchte, sollte auf einige Besonderheiten achten, damit alles problemlos klappt. Das beginnt beim Lötkolben. Nach Kapitel 1.4 eignet sich ein 12-V-Modell, das man einfach am Zigarettenanzünder ansteckt. Von einem 230-V-Lötkolben ist dagegen im Auto abzuraten. Da man das Stromkabel durch die Tür ins Wageninnere verlegen muss, kann die Kabelisolierung durch unbeabsichtigtes Schließen der Tür beschädigt werden. Im schlimmsten Fall wird die Karosserie unter Strom gesetzt, so dass Lebensgefahr besteht!

12 Löten im Auto – Brandflecken keine Chance lassen

Im Auto lauern weitere Gefahren. Wegen der beengten Platzverhältnisse ist es kaum möglich, eine geeignete Arbeitsunterlage unterzubringen. Das kann ärgerlich sein, wenn Sie beispielsweise den Antennenstecker hinter dem Radio anlöten wollen. Für eine solide Ablagefläche eignet sich in diesem Fall nur ein waagerecht liegendes Brett auf dem Beifahrersitz. Dazu auf die hintere Sitzfläche im Bereich der Rückenlehne einen Gegenstand legen, um die Ablagefläche etwas zu erhöhen. Das Brett muss waagerecht liegen, damit der heiße Lötkolben nicht nach hinten rollen und ein Loch in den Sitzbezug brennen kann. Beim Löten sollten Sie außerdem auf die vielen Kunststoffteile wie Armaturenbrett, Mittelkonsole und Schaltknüppel achten. Beim Berühren mit der heißen Lötkolbenspitze schmelzen sie und sorgen für ärgerliche Brandflecken, die kaum oder gar nicht mehr zu entfernen sind.

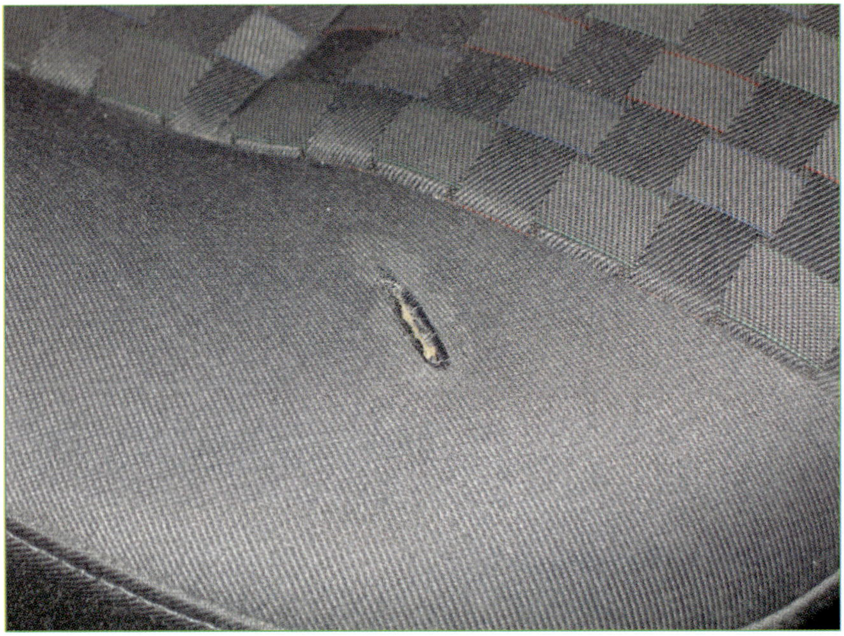

Abb. 12.1 – Ohne Schutzmaßnahmen hinterlässt der Lötkolben im Auto schnell einen Brandfleck.

13 Bleihaltiges Lot für Anfänger zu empfehlen

Lote oder Lötzinn enthalten Flussmittel, Zinn und andere Metalle. Bleihaltige Lote dürfen seit dem 1. Juli 2006 aus Umwelt- und Gesundheits-Gründen nicht mehr im Elektronikbereich verwendet werden. Für den Privatgebrauch sind sie dagegen weiter zulässig. Man kann sie deshalb nach wie vor in Fachmärkten kaufen. Sie schmelzen gegenüber bleifreien Loten bei einer um 10 Grad bis 30 Grad niedrigeren Temperatur, was die Bauteile schont. Vor allem empfindliche Bauteile müssen den höheren Löttemperaturen bei bleifreiem Lot standhalten. Brauchen Sie für eine Lötung zu lange, können Sie einen oder mehrere empfindliche Bauteile zerstören. Um sie zu löten, sollte man deshalb ausreichend Erfahrung mit bleifreiem Löten haben. Fühlen Sie sich noch nicht fit genug, greifen Sie besser zu bleihaltigem Lot. Es ist auch für Anfänger zu empfehlen, da im Gegensatz zu bleifreiem Lot einwandfreie Lötstellen leicht am metallischen Glanz erkennbar sind. Man merkt sofort, ob man richtig gelötet hat oder nicht. Kalte Lötstellen aus bleihaltigem Lot haben dagegen eine etwas matte und manchmal auch klumpige Oberfläche.

13.1 An Abkürzung „Pb“ erkennbar

Auskunft geben die Aufkleber auf den Lötzinnrollen. Lesen Sie beispielsweise Sn60Pb38Cu2, haben Sie ein bleihaltiges Lot vor sich, da Pb für Plumbum steht, zu Deutsch Blei (Abb. 13.1). Sobald Sie auf einem Aufkleber „Pb“ lesen, handelt es sich um ein bleihältiges Lot. Sn steht für Zinn und Cu für Kupfer, die Zahlen dahinter geben die Prozentzahlen in der Zusammensetzung an. Dieses Standardlot besteht danach zu 60 Prozent aus Zinn, zu 38 Prozent aus Blei und zu zwei Prozent aus Kupfer. Fehlt dagegen die Abkürzung „Pb“, halten Sie ein bleifreies Lot in den Händen

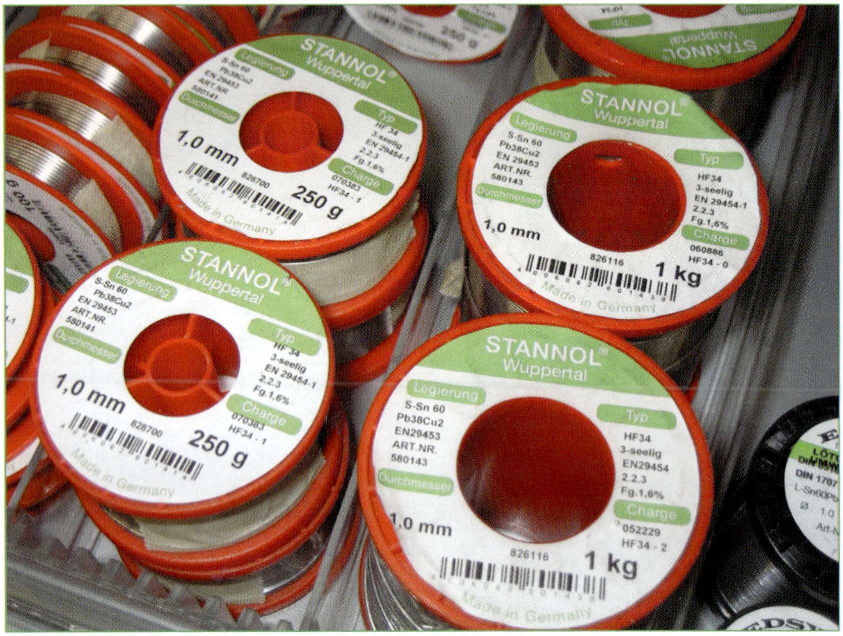

Abb. 13.1 – Ein bleihaltiges Standardlot.

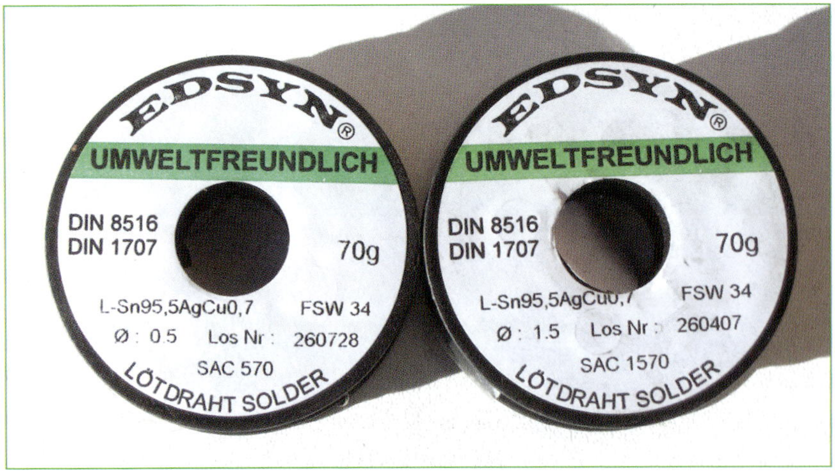

Abb. 13.2 – Dieses bleifreie Lot setzt sich aus Zinn (Zn), Silber (Ag) und Kupfer (Cu) zusammen.

(Abb. 13.2 und Abb. 13.3). Genaue Details zu den einzelnen Loten kann man im Internet beim Hersteller oder bei großen Elektronikhändlern recherchieren.

Abb. 13.3 – Bleifreies Lot, das zu 99 Prozent aus Zinn und einem Prozent aus Kupfer besteht.

13.2 Wie dick muss das Lot sein?

Lote gibt es in verschiedenen Durchmessern, über die die Etiketten der Lotrollen informieren. Übliche Elektronikbauteile lassen sich mit Lotdurchmessern von 0,8 mm oder 1,0 mm gut löten. Diese Standardlote passen so gut wie überall. Haben Sie dagegen SMD-Bauteile vor sich, benötigen Sie dünnere Lote, die nur rund 0,3 mm bis 0,5 mm dick sind. Im Modellbau, wenn Sie beispielsweise an einer Lokomotive der Modelleisenbahn basteln, brauchen Sie extradünne Lote von 0,2 mm bis 0,3 mm Durchmesser. Für größere Lötungen sind Durchmesser von rund 1,5 mm optimal, die Sie als Bastler oder Heimwerker allerdings kaum brauchen werden.

Geht Ihnen beim Zusammenbauen einer Schaltung das Standardlötzinn aus, können Sie zur Not auch mit dünnerem Lot weiterlöten. Einfach das dünnere Lot schneller zuführen, weil es schneller schmilzt.

Abb. 13.4 – Feinlote in Briefchen-Form.

14 Mit bleifreiem Lot erfolgreich löten

Mit „bleifreien" Platinen müssen Sie in elektronischen Geräten rechnen, die seit Sommer 2006 hergestellt wurden. Der Umgang mit bleifreiem Lot erfordert wegen der höheren Löttemperatur etwas Übung und einen geeigneten Lötkolben. Außerdem sind einwandfreie Lötstellen mit dem Auge kaum von Kalten Lötstellen zu unterscheiden, da beide etwas matt aussehen. Deshalb sollte man sich erst an bleifreies Lot wagen, wenn man einige Lötaufgaben mit bleihaltigem Lötzinn gelöst und kaum mehr Kalte Lötstellen produziert hat.

14.1 Was muss der Lötkolben können?

Wegen der um 10 bis 30 Prozent höheren Schmelztemperatur von bleifreiem Lot brauchen Sie einen Lötkolben, der entsprechend mehr aufheizt. Der Lötkolben muss für qualitativ hochwertige Lötarbeiten außerdem gut nachheizen können, damit die Lötspitze stets gleich bleibend heiß ist. Markenlötkolben ab der Mittelklasse schaffen das. Vorsicht ist allerdings bei billigen No-Name-Produkten angesagt, die mitunter „nur" heiß werden. Da die Löttemperatur schwanken kann, erleichtert das nicht gerade die Arbeit.

Während sich Handlötkolben meist nur auf eine voreingestellte Temperatur aufheizen, ist in Lötstationen nach Kapitel 15 eine Temperaturregelung eingebaut. Damit können Sie die optimale Löttemperatur einregeln, je nachdem, was Sie gerade löten möchten. Für übliche Bauteile mit bleifreiem Lot rund 360 Grad einstellen.

Auch alte Lötkolben geeignet?

Mit bleifreiem Lot kommen vielfach auch ältere Lötkolben zurecht, da sie mit der Zeit meist etwas mehr Wärme abgeben – am besten ausprobieren und einen Lötversuch starten. Es dauert nur etwas länger, bis das Lot geschmolzen ist und Sie löten können. So bleibt allerdings die Lötstelle länger heiß. Das kann für temperaturempfindliche Bauteile gefährlich werden – vor allem dann, wenn der ungeübte Hobbybastler die Lötstelle mehr aufheizt als fürs bleifreie Löten erforderlich. Deshalb nicht zu lange löten, wenn das bleifreie Lot geschmolzen ist.

14.2 Schlechte Lötkontakte vermeiden

Um schlechte Lötkontakte mit bleifreiem Lot zu vermeiden, ist nicht nur ein Lötkolben mit stabiler Lötspitzentemperatur zu empfehlen. Man sollte auch die Lötzeit so kurz wie möglich halten, damit sich keine sogenannten Whisker bilden (vgl. Kapitel 5.1). Gemeint sind nadelförmige Kristalle von wenigen Mikrometern Durchmesser, die beim Löten mit bleifreiem Lot leicht durch zu große Hitze entstehen können. Die Folge sind schlechter haltende Lötkontakte und damit mögliche Fehlerquellen in der Schaltung.

14.3 Alte Geräte mit bleihaltigen Lötstellen reparieren

Möchten Sie ein altes elektronisches Gerät mit bleihaltigen Lötstellen reparieren, kommt bleihaltiges Lot infrage, das nach wie vor für Privatpersonen erlaubt ist. Möchten Sie dagegen bleifreies Lot verwenden, ist das bei Standardbauteilen wie Widerständen oder Kondensatoren meist kein Problem: Einfach das alte Lot nach Kapitel 8 an den schadhaften Bauteilen entfernen und diese auslöten. Die neuen Bauelemente mit bleifreiem Lot einlöten. Da Sie beim Auslöten auch das alte Lot zum Großteil mit entfernen, kann es sich kaum mit dem bleifreien Lot vermischen. Damit sind Fehlfunktionen durch schadhafte Lötkontakte nahezu ausgeschlossen. Sollte nach der Reparatur trotzdem wieder eine Betriebsstörung auftreten, kontrollieren Sie zuerst die neuen, bleifreien Lötstellen. Ob diese in Ordnung sind, ist allerdings nicht mit dem Auge erkennbar. Im Zweifel sollte man deshalb bleihaltiges Lot für die Reparatur verwenden – zumal dann einwandfreie Lötstellen leicht am metallischen Glanz zu erkennen sind.

Vorsicht bei kleinen Bauteilen

Möchten Sie in einem alten defekten Gerät sehr kleine Bauteile mit bleifreiem Lot austauschen, kann es eventuell Probleme mit den Resten des bleihaltigen Lots geben. Im Zweifel sollten Sie deshalb wieder auf bleihaltiges Lot zurückgreifen.

14.4 Auch bei bleifreien Loten auf Gesundheit achten

Bleifreie Lote sind gesundheitlich nicht unbedenklich, da sie statt Blei Silber oder Wismut enthalten. Vor allem Silber macht bleifreie Lote chemisch aggressiver. Silberanteile gehen beim Löten verstärkt in die Atemluft über. Deshalb sollten Sie beim Löten auf gut durchlüftete Räume achten, außerdem keine Lötdämpfe einatmen.

Sie tun der Umwelt nichts Gutes, wenn Sie vorrätige bleihaltige Lote wegwerfen und sich neue bleifreie besorgen. Laut Studien belasten Sie die Umwelt weniger, wenn Sie die alten Lote zunächst aufbrauchen.

15 Worin unterscheiden sich teure von preiswerten Lötstationen?

Anders als Lötkolben sind Lötstationen für den stationären Betrieb in einer Werkstatt gedacht – kein Wunder, denn sie sind nicht leicht zu transportieren. Sie sind allerdings auch für Elektronikbastler und Hobbyelektroniker interessant, weil die Löttemperatur zwischen 150 Grad und 450 Grad bedarfsgerecht regelbar ist – vorausgesetzt, die Lötstation informiert über die

15 Worin unterscheiden sich teure von preiswerten Lötstationen?

eingestellten Temperaturen. Mit diesen Geräten können Sie temperaturempfindliche Bauteile problemlos löten. Auch für Arbeiten mit bleifreiem Lot nach Kapitel 14 ist eine regelbare Temperatur von Vorteil, weil etwas mehr Hitze erforderlich ist als mit herkömmlichem Lötzinn.

Lötstationen bestehen im Wesentlichen aus Basisstation, Lötkolben und Lötkolbenhalter. Kernstück ist die Basis- oder Steuer-Einheit, an die Sie den mitgelieferten Lötkolben anschließen. Wie bei üblichen Handlötkolben lässt sich die Lötspitze auswechseln. Bei verschiedenen Modellen brauchen Sie dazu nicht einmal Werkzeug: Entweder ist die Lötspitze nur aufgesteckt, oder Sie lösen eine Überwurfmutter. Einfache Geräte erhält man bereits für unter 20 Euro, Modelle der soliden Mittelklasse kosten zwischen 50 Euro und 100 Euro. Die gehobene Mittelklasse bewegt sich bei rund 150 Euro. Da sich Lötstationen im Kaufpreis zum Teil deutlich unterscheiden, lohnt sich ein Blick auf die Features. Gleich vorweg: Selbst für Einsteiger ist ein Mittelklassegerät zu empfehlen.

Abb. 15.1 – Unterschiedliche Buchsen in den Basisstationen verhindern, dass der Anwender einen nicht zur Steuereinheit passenden Lötkolben anschließt.

Abb. 15.2 – Eine Lötstation der soliden Mittelklasse.

15.1 Einstellbare Löttemperatur

Die Arbeitstemperatur lässt sich bei einfachen Geräten mit einem Drehknopf nur grob zwischen wenig, mittel und sehr heiß regeln (Abb. 15.3). Dieser Drehknopf sollte Temperaturangaben besitzen, um die Löttemperatur bedarfsgerecht einzustellen. Wenn Sie die Temperatur auf rund 10 Grad genau regeln können, ist das fürs Löten mehr als ausreichend.

In komfortablere Lötstationen der soliden und gehobenen Mittelklasse sind Taster und eine Digitalanzeige eingebaut, mit der die Temperatur auf ein Grad genau einstellbar ist. Programmierbare Funktionstasten erlauben außerdem, häufig benötigte Temperaturen auf Tastendruck abzurufen. Dadurch eignen sich diese Lötstationen bestens für Arbeiten an temperaturempfindlichen Bauteilen. Die Lötspitze erwärmt sich sehr schnell und erreicht meist innerhalb einer Minute die eingestellte Löttemperatur von beispielsweise 400 Grad. Ein Temperaturfühler hält die Arbeitstemperatur konstant, der in die Lötspitze eingebaut ist. Dieser erfasst die Ist-Temperatur in unmittelbarer Nähe der Lötstelle, so dass das Heizsystem schnell auf Wärmeverlust reagieren und nachheizen kann. Da der Lötkolben nur bei Bedarf aufgeheizt wird, werden Heizelement und Lötspitze geschont. Lötstationen der gehobenen Mittelklasse erlauben außerdem, bei längeren Lötpausen die Temperatur des Lötkolbens abzusenken, um Strom zu sparen und die Lötspitze zu schonen.

Abb. 15.4 – Mit Tasten können Sie bei Geräten der soliden und gehobenen Mittelklasse die Löttemperatur gradgenau auswählen, programmieren und auf Tastendruck wieder abrufen.

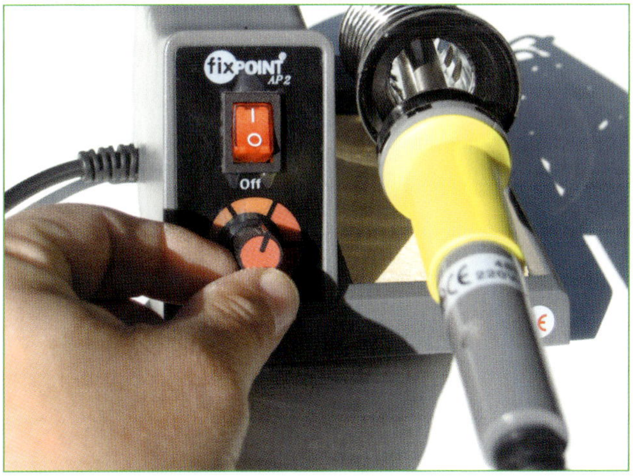

Abb. 15.3 – Bei dieser preiswerten Lötstation ist die Arbeitstemperatur nicht exakt einstellbar, weil die Temperaturangaben fehlen.

15.2 Lötkolbenhalter

Lötkolbenhalter sind je nach Modell freistehend oder direkt an die Basiseinheit angebaut und bereits bei Mittelklassegeräten meist sehr komfortabel ausgeführt. Sie besitzen nicht nur eine Ablagefläche für den Lötschwamm, sondern häufig auch Fächer für Zubehör, in denen man zum Beispiel weitere Lötspitzen griffbereit aufbewahren kann.

Abb. 15.5 – Eine Lötstation der gehobenen Mittelklasse. Basiseinheit (links im Bild) und Lötkolbenhalter sind im selben Design ausgeführt. (Foto: ELV)

15.3 Bei einfachen Geräten auf Betriebsspannung achten

Normalerweise ist in die Basisstation ein Trafo eingebaut, der die erforderliche Betriebsspannung zwischen 12 V und 24 V für den Lötkolben bereitstellt. Da so das 230-V-Anschlusskabel der Basisstation nicht in den Löt-Arbeitsbereich gelangt, ist das Unfallrisiko gering. Sollten Sie dennoch einmal das Kabel des Lötkolbens aus Versehen angeheizt haben, kann aufgrund der ungefährlichen Kleinspannung kaum etwas passieren – es sei denn, der Lötkolben braucht 230 V Netzspannung. Das kann bei einfachen, sehr preiswerten Geräten der Fall sein (Abb. 15.7 – Abb. 15.9). Damit gehen die typischen Vorteile einer Lötstation verloren. Man hat es quasi mit einem regelbaren Handlötkolben zu tun. Sie müssen stets darauf achten, das Stromkabel nicht unbeabsichtigt mit der heißen Lötspitze zu berühren. Selbst bei minimal eingestellter Temperatur transportiert das Stromkabel nicht selten eine Betriebsspannung von 80 V zum Lötkolben. Die Schutzkleinspannung endet dagegen bei 50 V. Bei voll aufgedrehter Temperatur erhält der Lötkolben die vollen 230 V aus der Steckdose.

Abb. 15.6 – Der Lötkolben einer Lötstation arbeitet meist mit einer niedrigen, ungefährlichen Spannung, in diesem Fall mit 24 V.

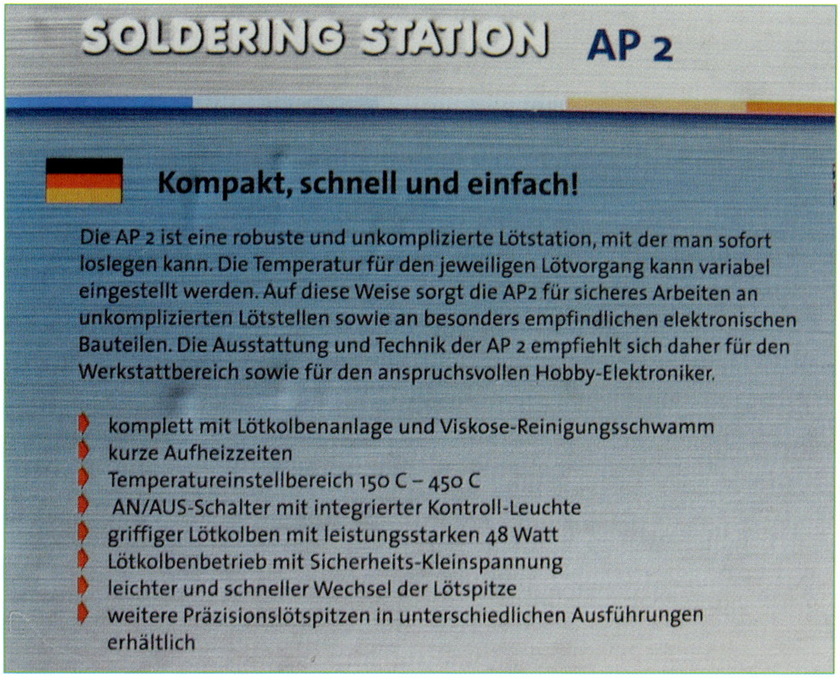

Abb. 15.7 – Das macht stutzig: Die Verpackung informiert zwar darüber, dass der mitgelieferte Lötkolben mit einer Sicherheits-Kleinspannung arbeitet, …

15.3 Bei einfachen Geräten auf Betriebsspannung achten

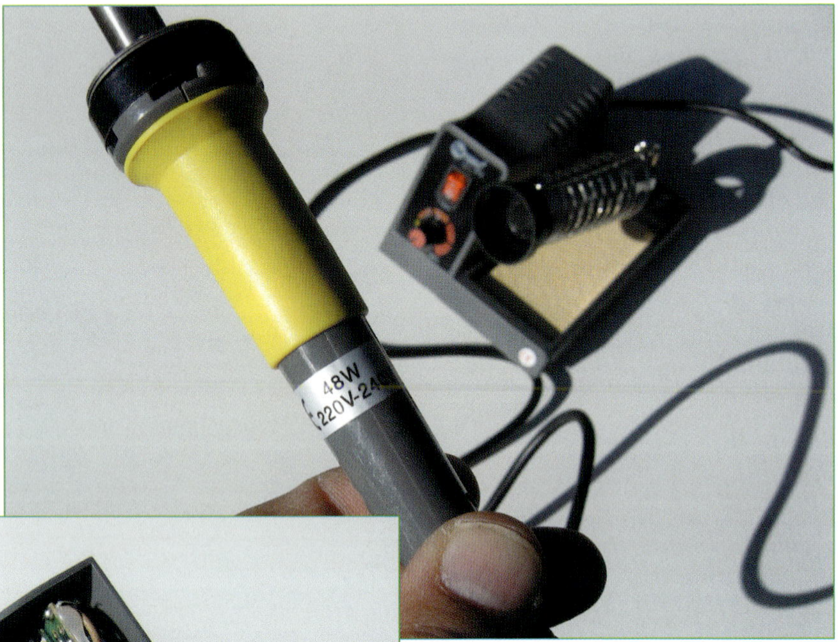

Abb. 15.8 – …aber am Lötkolben selbst ist eine Betriebsspannung von 230 V angegeben.

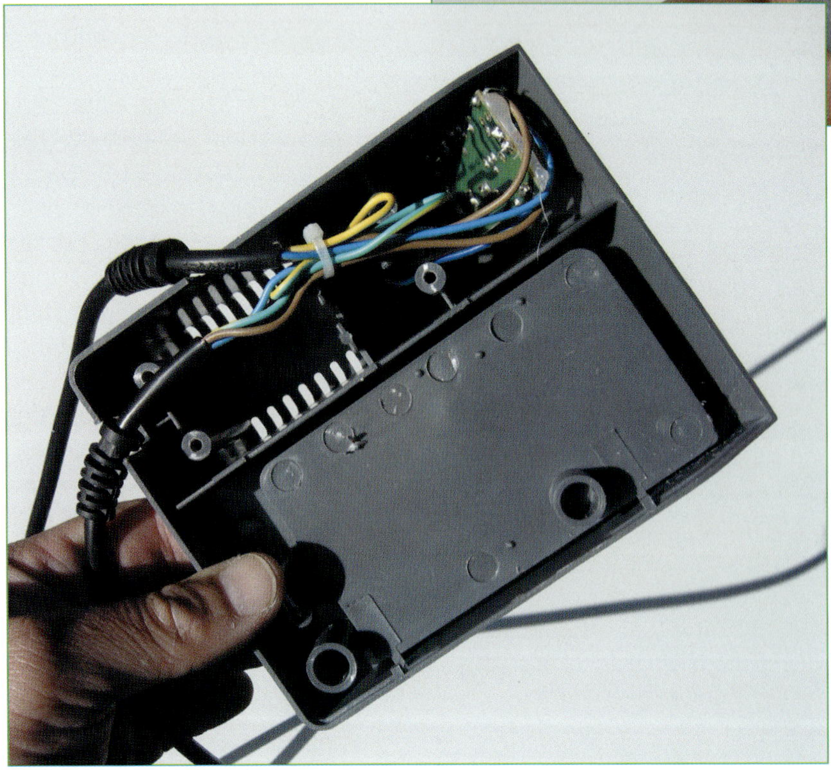

Abb. 15.9 – Das Innenleben der einfachen Lötstation bringt Gewissheit: Der Trafo für die ungefährliche Sicherheits-Kleinspannung fehlt. Der Lötkolben braucht also 230 V Netzspannung, um zu funktionieren.

15.4 Sonderfunktionen

Vor allem Lötstationen der gehobenen Mittelklasse besitzen einige Sonderfunktionen. Dazu zählt beispielsweise eine Power-Off-Funktion, die das Gerät nach einer voreingestellten Zeit Strom sparend automatisch ausschaltet.

Löttemperatur überprüfbar

Wegen der Alterung der Lötspitzen oder nach dem Wechsel des Lötkolbens kann es ratsam sein, die Temperatur zu überprüfen, die an der Lötspitze anliegt. In etwas teurere Lötstationen ist dafür ein Temperaturmessgerät eingebaut, mit dem Sie über einen integrierten Kalibriermodus die Temperatur überprüfen und nachstellen kön-

Abb. 15.10 – Der beste Schutz vor abrutschen: Im Griff dieses Lötkolbens sind drei Fingerablageflächen aus Gummi eingearbeitet.

15.4 Sonderfunktionen

nen. Das Kalibrieren kann je nach gemessener Temperaturdifferenz rund 20 Minuten dauern. Die Löttemperaturen können Sie sich außerdem alternativ in Fahrenheit anzeigen lassen.

Fingerablageflächen am Lötkolben geben den Fingern zusammen mit dem Abrutschschutz sicheren Halt. So ist beim Löten die Verbrennungsgefahr durch Abrutschen nahezu ausgeschlossen.

Potenzialausgleichsbuchsen ermöglichen, sehr empfindliche Bauteile wie ICs komfortabel zu bearbeiten. Sie sind in die meisten Mittelklassegeräte eingebaut. Man braucht dazu nach Kapitel 7.3 außerdem eine passende Arbeitsunterlage und eine spezielle Manschette.

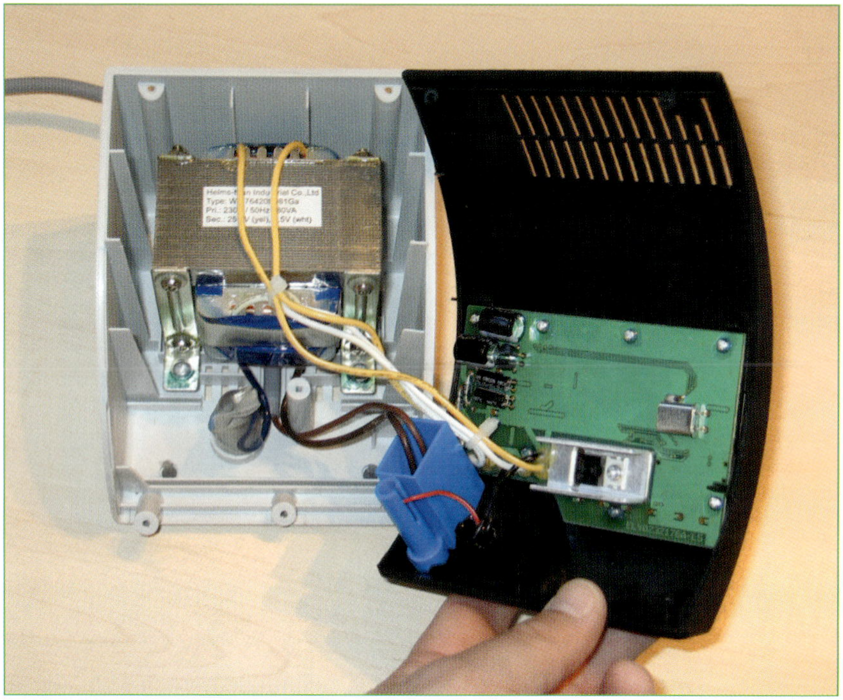

Abb. 15.11 – Das Innere einer soliden Lötstation: Trafo und Elektronik sind großzügig ausgeführt.

16 Fädeltechnik für Lochrasterplatinen

Um eine Schaltung mit einer Platine aufzubauen, eignen sich auch Lochrasterplatinen mit Fädeldraht. Statt den üblichen Leiterbahnen sind dünne lackierte Kupferdrähte zwischen den Lötpunkten gespannt. Der Lack schmilzt an den Stellen, wo man den Draht verzinnt. Etwas Übung kann allerdings für die Fädeltechnik nicht schaden. Wer sie lernen möchte, hat in diesem Kapitel die Möglichkeit dazu. Als Übungsgegenstand eignet sich eine alte ausgediente Platine, bei der Fädeldraht zwei Lötpunkte verbinden soll.

Zuerst verzinnen Sie den Fädeldraht nach Abb. 16.1 an einem Ende. Je nach Temperatur des Lötkolbens dau-

16 Fädeltechnik für Lochrasterplatinen

ert es eine bis drei Sekunden, bis der Lack geschmolzen ist. Der verschmolzene Lack bildet Rückstände an der Lötspitze. Man muss sie deshalb regelmäßig säubern und frisches Lot auftragen. Ist der Fädeldraht erfolgreich verzinnt, löten Sie das Drahtende an den ersten Lötpunkt.

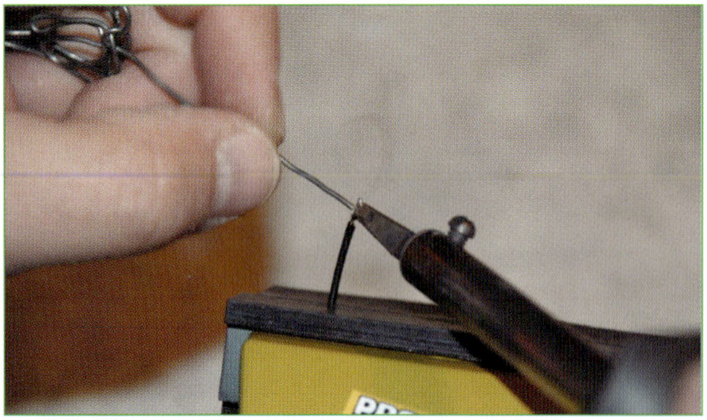

Abb. 16.1 – Schritt 1: Drahtende verzinnen.

Abb. 16.2 – Schritt 2: Das Drahtende am ersten Lötpunkt anlöten.

Danach spannen Sie den Draht mit einem scharfen Knick um den zweiten Lötpunkt (Abb. 16.3). Das Verzinnen der Knickstelle dauert etwas länger. Mit etwas Geduld und Lötzinn schmilzt der Lack und der Draht wird über einige Millimeter verzinnt. Zum Schluss das überschüssige Drahtende mehrmals hin und her biegen, bis der Draht genau an der Lötstelle abbricht.

Informationen und Bilder von Burkhard Kainka: *www.elexs.de*

Abb. 16.3 – Schritt 3: Den Fädeldraht mit einem scharfen Knick um den zweiten Lötpunkt spannen.

Abb. 16.4 – Schritt 4: Überschüssiges Drahtende durch Hin- und Herbiegen abbrechen.

17 Anhang

17.1 Weitere Lötkolbentypen

Neben den in Kapitel 1 vorgestellten Lötkolben, die vor allem für Hobbyelektroniker, Bastler und Heimwerker interessant sind, führt der Handel weitere Modelle.

Kaltlötgeräte
gleichen äußerlich batteriebetriebenen Lötkolben und kommen ohne Heizelement aus, was den Stromverbrauch deutlich verringert. Sie sind für versierte Hobbybastler und professionelle Anwender gedacht und eignen sich zum Löten von Drahtstärken von 0,5 mm bis etwa 2 mm. Für optimale Lötergebnisse ist ein Drahtdurchmesser von rund 1 mm zu empfehlen. In Geräte der Oberklasse sind zwei Heizstufen eingebaut. Sie versprechen 700 bis 1.000 Lötungen mit einem Batteriesatz, der aus vier oder fünf Mignonbatterien besteht. Die Lötspitze lässt sich leicht per Hand abziehen und auswechseln (Abb. 17.2). Sie besteht im Wesentlichen aus Kohlefaser und zwei eng beieinander liegenden Elektroden.

Der große Unterschied zu gewöhnlichen Lötkolben: Nachdem Sie das Kaltlötgerät eingeschaltet haben,

Abb. 17.2 – Die Lötspitze aus Kohlefaser ist aufgesteckt und lässt sich leicht auswechseln.

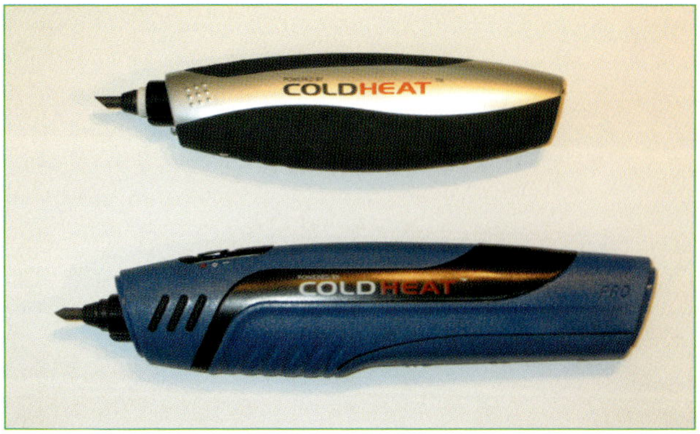

Abb. 17.1 – Zwei Kaltlötgeräte. Man spricht auch von Coldheat-Lötern, die äußerlich üblichen Batterielötkolben gleichen.

bleibt es zunächst kalt, weil beide Elektroden der Lötspitze nicht vor dem Löten erwärmt werden müssen. Berührt man dagegen mit der Lötspitze Metall, erwärmt sie sich in Sekundenschnelle auf 400 Grad – vorausgesetzt, beide Elektroden der Lötspitze haben leitenden Kontakt zum Werkstück.

Wenn Sie zum ersten Mal mit dem Coldheat-Löter arbeiten, werden Sie feststellen, dass es gar nicht so leicht ist, die Lötspitze richtig aufzusetzen. Damit das klappt, drücken Sie sie sanft aufs Metall, so dass beide Elektroden festen Kontakt mit dem Werkstück erhalten. Allerdings die Lötspitze nicht zu fest aufdrücken, weil sie dadurch abbrechen kann! Haben beide Elek-

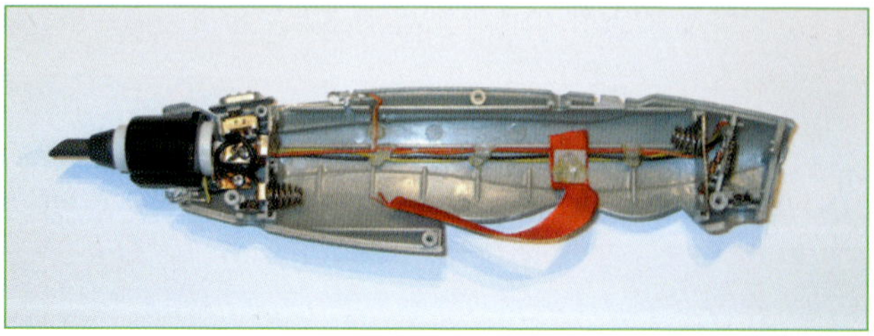

Abb. 17.3 – Kaltlötgeräte kommen ohne Heizelement aus.

Abb. 17.4 – Sobald beide Elektroden des eingeschalteten Coldheat-Löters Metall berühren, leuchtet die rote LED, und Sie können löten.

troden eine leitende Verbindung, leuchtet die rote LED, und die Spitze erhitzt sich sofort (Abb. 17.4). Eventuell entsteht beim Löten in der Spitze ein kleiner Funke. Das ist normal und braucht Sie nicht zu beunruhigen. Wenn der Lötkolben nicht die erforderliche Hitze erreicht, überprüfen Sie den Druckkontakt und beobachten die LED, die nicht ausgehen darf. Eventuell die Lötspitze neu aufsetzen. Verlieren Sie immer wieder den leitenden Kontakt, neigen Sie den Coldheat-Löter so, dass die Spitze das Werkstück schräg berührt. Bereits nach wenigen Minuten Üben sollten Sie den Dreh herausbekommen haben. Nach dem Löten kühlt die Spitze je nach Modell in wenigen Sekunden oder Minuten ab.

Das Kaltlötgerät ist für kurze Hitzeimpulse gedacht. Arbeiten Sie deshalb nicht zu lange an einer Lötstelle. Die Löttemperatur von rund 400 Grad kann vor allem empfindliche Elektronikbauteile belasten und sie im schlimmsten Fall zerstören. Beim Löten elektronischer Komponenten mit kleinen Anschlusspins nicht gleichzeitig zwei oder mehrere Pins mit der Lötspitze berühren. Sie würden einen Stromfluss erzeugen, der das Bauteil beschädigen kann!

Im Gegensatz zu üblichen Lötspitzen nach Kapitel 2.1 müssen Sie Lötspitzen von Kaltlötgeräten nicht besonders pflegen, nur von metallischen Resten säubern, damit sie sich nicht dauerhaft erwärmen können.

Werkstattlötkolben
sind bis etwa 2,5 kg schwer und nehmen 200 W bis 550 W auf. Profis nutzen sie, um Bleche zusammenzulöten oder Installationsarbeiten zu erledigen. Für den Hausgebrauch kommen die Geräte kaum infrage.

Handlötkolben mit einstellbarer Temperatur
„Normale" Lötkolben heizen sich bis zu einer bestimmten Temperatur auf und halten diese konstant. In temperaturgeregelte Lötkolben ist dagegen ein Drehregler eingebaut, mit dem Sie die Arbeitstemperatur zwischen rund 200 Grad und 450 Grad Celsius einstel-

Abb. 17.5 – Große Werkstattlötkolben sind für den Hobbyelektroniker nicht zu gebrauchen.

len können. Sie sind im Handel kaum zu erhalten und haben eine enge Verwandtschaft zu einfachen Lötstationen. Die aufgedruckte Skala ist meist in 50-Grad-Schritten abgestimmt. Das erscheint auf den ersten Blick ungenau, ist aber ausreichend, weil sich die benötigten Temperaturen leicht auf rund 10 Grad genau einstellen lassen.

Schutzisolierte Lötkolben

Für Spezialanwendungen können Fein-, Universal- oder Standard-Lötkolben schutzisoliert sein. Damit kommen sie ohne den üblichen Schutzleiter aus. Für übliche Privatanwendungen spielen diese Lötkolben keine Rolle.

Gaslötkolben

sehen so aus wie übergroße Textmarker und passen in jede Werkzeugkiste. Mit Butangas erreichen sie modellabhängig eine Leistung zwischen 10 W und 125 W. Sie eigenen sich wie batteriebetriebene Lötkolben für mobile Anwendungen. Mit einer Gasfüllung kann man rund 40 Minuten bis 60 Minuten löten. Da Gaslötkolben kaum einen Abrutschschutz besitzen, sollten Sie besonders auf Ihre Finger achten. Die Hitze des Gases liegt direkt hinter der Lötspitze bei bis zu 580 Grad. Ein Gaslötkolben kann keinen herkömmlichen elektrischen Lötkolben ersetzen. Füllen Sie ihn mit Gas, genau laut Bedienungsanleitung vorgehen. Dabei und im Betrieb sind die einschlägigen Sicherheitsvorschriften zu beachten.

Abb. 17.6 – Ein seltenes Exemplar: Lötkolben mit einstellbarer Löttemperatur.

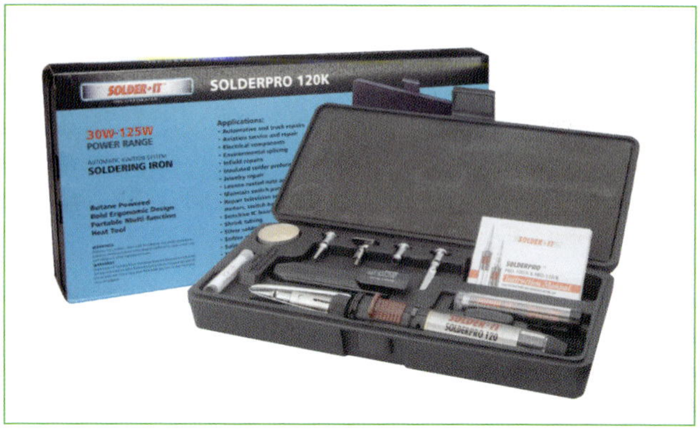

Abb. 17.7 – Gaslötkolben-Set mit reichhaltigem Zubehör. (Foto: Solder It)

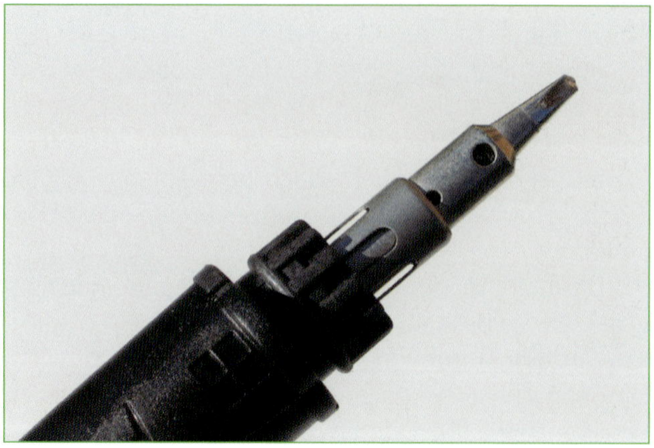

Abb. 17.8 – Lötspitze eines Gaslötkolbens.

17.2 Farbcodes von Widerständen

Widerstandswerte				
Farbe	**1.Ring**	**2.Ring**	**3.Ring**	**4.Ring (Toleranz)**
schwarz	0	0	x 1	
braun	1	1	x 10	
rot	2	2	x 100	
orange	3	3	x 1.000 (1k)	
gelb	4	4	x 10.000 (10k)	
grün	5	5	x 100.000 (100k)	
blau	6	6	x 1.000.000 (1M)	
violett	7	7		
grau	8	8		
weiß	9	9		
silber				10 %
gold				5 %

17.3 Farbcodes von Spulen

Induktivitäten von Spulen				
Farbe	**1.Ring 1.Ziffer**	**2.Ring 2.Ziffer**	**3.Ring Multiplikator**	**4.Ring Toleranz**
schwarz	0	0	x 1 µH	
braun	1	1	x 10 µH	
rot	2	2	x 100 µH	
orange	3	3		
gelb	4	4		
grün	5	5		
blau	6	6		
violett	7	7		
grau	8	8		
weiß	9	9		
gold			x 0,1 µH	5 %
silber			x 0,01 µH	10 %

17.4 Farbcodes und Kennbuchstaben von Kondensatoren

Farbcode für Kondensatoren mit Kapazitäten von weniger als 10 pF

Kennfarbe	1. Ziffer	2. Ziffer	Multiplikator	Toleranz	Betriebsspannung
schwarz	0	0	x 1 pF	-	-
braun	1	1	x 10 pF	0,1 pF	100 V
rot	2	2	x 100 pF	0,25 pF	200 V
orange	3	3	x 1 nF	-	300 V
gelb	4	4	x 10 nF	-	400 V
grün	5	5	x 100 nF	0,5 %	500 V
blau	6	6	-	-	600 V
violett	7	7	-	-	700 V
grau	8	8	x 0,01 pF	-	800 V
weiß	9	9	x 0,1 pF	1 pF	900 V
gold	-	-	-	-	1.000 V
silber	-	-	-	-	2.000 V
ohne Farbe	-	-	-	20 %	500 V

Farbcode für Kondensatoren mit Kapazitäten von mehr als 10 pF

Kennfarbe	1. Ziffer	2. Ziffer	Multiplikator	Toleranz	Betriebsspannung
schwarz	0	0	x 1 pF	20 %	-
braun	1	1	x 10 pF	1 %	100 V
rot	2	2	x 100 pF	2 %	200 V
orange	3	3	x 1 nF	-	300 V
gelb	4	4	x 10 nF	-	400 V
grün	5	5	x 100 nF	5 %	500 V
blau	6	6	-	-	600 V
violett	7	7	-	-	700 V
grau	8	8	x 0,01 pF	-	800 V
weiß	9	9	x 0,1 pF	10 %	900 V
gold	-	-	-	-	1.000 V
silber	-	-	-	-	2.000 V
ohne Farbe	-	-	-	-	500 V

17.4 Farbcodes und Kennbuchstaben von Kondensatoren

Farbcode für Tantal-Elektrolyt-Kondensatoren, die die Hersteller Siemens und Valvo verwenden:

Kennfarbe	1. Ziffer	2. Ziffer	Multiplikator	Betriebsspannung
schwarz	0	0	x 1	10 V
braun	1	1	x 10	1,5 V
rot	2	2	x 100	35 V (Ring: Rosa)
orange	3	3	-	-
gelb	4	4	-	6,3 V
grün	5	5	-	16 V
blau	6	6	-	20 V
violett	7	7	x 0,001	-
grau	8	8	x 0,01	25 V
weiß	9	9	x 0,1	3 V

Kennbuchstaben für Kondensator-Toleranzen

Kennbuchstabe	Toleranz
B	+/- 0,1 pF
C	+/- 0,25 pF
D	+/- 0,5 pF
F	+/- 1 pF
G	+/- 2 pF
H	+/- 2,5 %
J	+/- 5 %
K	+/- 10 %
L	+/- 15 %
M	+/- 20 %
N	+/- 30 %
P	- 0 % bis + 100 %
Q	- 10 % bis + 30 %
R	- 20 % bis + 30 %
S	- 20 % bis + 50 %
T	- 10 % bis + 50 %
U	- 0 % bis + 80 %
W	- 0 % bis + 20 %
Y	- 0 % bis + 50 %
Z	- 20 % bis + 100 %

Stichwortverzeichnis